电网企业员工
自救互救应急手册

国网新疆电力有限公司培训中心 编

中国电力出版社
CHINA ELECTRIC POWER PRESS

内容提要

　　本书主要以《中华人民共和国安全生产法》《中华人民共和国突发事件应对法》《国家电网公司安全工作规定》《国家电网公司电力安全工作规程》为依据，将各类突发事件、危险因素分类、归纳，分析危险程度，编制自救避险、互救求生措施，并通过漫画的形式，图文并茂、通俗易懂，直观地将其展现出来。

　　本书可以作为电网企业管理人员、应急救援队员和一线作业人员日常安全培训、应急演练的参考教材，适合安全培训、应急培训及相关专业师生学习。

图书在版编目（CIP）数据

电网企业员工自救互救应急手册 / 国网新疆电力有限公司培训中心编 . —北京：中国电力出版社，2019.12 （2022.6 重印）

　　ISBN 978-7-5198-3523-1

　　Ⅰ . ①电… Ⅱ . ①国… Ⅲ . ①电力工业－自救互救－手册 Ⅳ . ① TM08-62

　　中国版本图书馆 CIP 数据核字（2019）第 289823 号

出版发行：中国电力出版社

地　　址：北京市东城区北京站西街 19 号（邮政编码 100005）

网　　址：http://www.cepp.sgcc.com.cn

责任编辑：王冠一（010-63412726）

责任校对：黄　蓓　马　宁

装帧设计：赵姗姗

责任印制：钱兴根

印　　刷：北京九天鸿程印刷有限责任公司

版　　次：2019 年 12 月第一版

印　　次：2022 年 6 月北京第六次印刷

开　　本：880 毫米 ×1230 毫米 32 开本

印　　张：6.75

字　　数：180 千字

定　　价：65.00 元

在电网运维、建设过程中，洪水、地震、泥石流、大风等自然灾害以及火灾、创伤、急病、高空受困等事件的突发，对电网企业员工的生命安全形成较大威胁。电网企业员工掌握必备的自救互救应急知识，对于保护自身的生命安全有十分重要的作用。为此，特编写《电网企业员工自救互救应急手册》，以期指导电网企业员工在日常工作中，如何采取有效措施来应对突发事件和自然灾害，并进行自救和互救。

本书共分五章，包括自然灾害避险与救援、事故灾害避险与救援、公共卫生事件急救、社会安全事件处置和高空受困。涵盖了地震、地质、暴雪、水灾、大风、沙尘暴、火灾、触电、失血骨折、冻伤烧伤、高温中暑、动物伤害、高血压、心脏病、食物中毒、暴力恐怖、高空受困等诸多方面的应急处置内容。

本书突出现场避险和救护特点，旨在医护人员到来之前，采取正确快速的救护措施，达到防止或减少伤害、保护生命的目的。为确保内容的专业和权威，本书评审组成员特邀了新疆蓝天救援队队长安少华、乌鲁木齐市急救中心急救科科长鲍得林等专家。

本教材在编写过程中得到了国网新疆电力有限公司本部相关部门和各单位的大力支持，在此一并表示感谢。本书涉及内容广泛，但由于编写时间和水平有限，难免存在不妥或疏漏之处，恳请读者批评指正，以便进一步完善。

编者

2019 年 10 月

目录

前言

第一章　自然灾害避险与救援 ················1

第一节　地震灾害 ···················2

第二节　地质灾害 ···················22

第三节　暴雪灾害 ···················27

第四节　水灾 ···················35

第五节　大风灾害 ···················39

第六节　沙尘暴 ···················44

第七节　雷电 ···················49

第八节　戈壁沙漠走失 ···················54

第二章　事故灾害避险与救援 ···············61

第一节　火灾 ···················62

第二节　触电急救 ···················92

第三节　有毒气体中毒急救 ···················106

第四节　溺水救援 ···················110

第三章　公共卫生事件急救 ···················120

第一节　失血急救 ···················121

第二节　骨折急救 ···················129

第三节　颅脑外伤急救 ···················133

第四节　烧伤急救 ···················136

第五节　冻伤急救 ·········· 140

第六节　动物伤害 ·········· 143

第七节　高血压急救 ·········· 148

第八节　心脏病急救 ·········· 151

第九节　食物中毒 ·········· 155

第十节　高温中暑急救 ·········· 159

第四章　社会安全事件处置 ·········· 163

第一节　防恐事件处置 ·········· 164

第二节　拥挤踩踏处置 ·········· 169

第五章　高空受困 ·········· 172

第一节　救援装备 ·········· 173

第二节　绳结技术 ·········· 177

第三节　保护站的建立 ·········· 180

第四节　被困人员自救方案 ·········· 182

第五节　协助自救方案 ·········· 188

参考文献 ·········· 207

第一章

自然灾害避险与救援

自然灾害是指给人类生存带来危害和损害人类生活环境的自然现象，包括雨雪冰冻、大风、沙尘暴、洪涝、雷电等气象灾害，地震、泥石流、山体崩塌、滑坡等地质灾害。我国是一个自然灾害频发的国家，多发的自然灾害严重威胁着人身和财产的安全。

第一节　地震灾害

地震又称地动、地震动，是地壳快速释放能量过程中造成的振动，期间会产生地震波的一种自然现象。地震的大小根据震级表示，小于或等于 4.5 级的地震是有感地震，大于 4.5 级，小于 6 级的是中强震，等于大于 6 级别是强震，等于大于 8 级是巨大地震，震级越大，地震产生的危害性越大。地震灾害除造成建筑物的破坏和电网设施设备损毁外，还会造成重大人员伤亡和财产损失，对关系国计民生的重要基础设施造成巨大破坏。

一　自救措施

一般小震和远震不必外逃，大地震发生到房屋倒塌一般有 12 秒左右的时间，利用这宝贵的十几秒，选择合理的避险措施，就近躲避，震后撤离至安全的地方是地震避险的原则。

1．室内避险

（1）若是处在室内里楼层较低，室外比较空旷，则可力争在 12 秒内跑出避震。

（2）若是处在楼房内，就近寻找坚固的物体旁边、下方或寻找三角空间区域躲避，例如墙角、坚固的家具旁等。

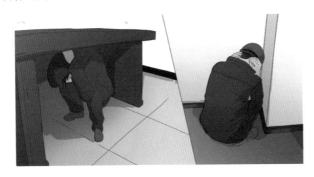

（3）尽量靠近水源处，就近躲进职工食堂、卫生间等开间小的空间。

（4）躲避时应采取正确的避震姿势。

1）避险时要保护好头颈部，用身边的物品，如安全帽、枕头、公文包等护在头上。

2）就近避险时，身体应蹲下，蜷缩身体，头尽量向胸靠拢，脸朝下，不要压住口鼻。

3）抓住身边牢固的物体，防止身体移位，暴露在外而受伤。

（5）在强震波过后，向室外应急避险区域有序撤离，避开高大建筑物和危险物，到达避险区后，就地蹲下，不要乱跑，不要随便返回室内。

2．室外避险

（1）若在变电站、线路等电力设备区域内工作，则应迅速撤离设备区，跑向开阔区域躲避。

（2）避开危险物，如变电器、电线杆、路灯广告牌、易燃、易爆品仓库等，远离危险品。

（3）驾车时，尽快到开阔地靠边停车，要降低重心，地震过后再下车。

（4）野外巡视，应尽量避开山脚、陡崖，以防滚石和滑坡。

3．掩埋自救

（1）坚定求生意志，改善所处环境。就地加固周围的支撑，设法扩大活动空间或开辟通道。

（2）在可以活动的空间中寻找食物和水，尽量节省食物，注意保存体力。

（3）通过敲击铁管（墙壁）、吹哨等方式与外界沟通,听到救援者靠近时再呼救。若不幸受伤,应及时现场止血,包扎伤口。

4．注意事项

（1）不要躲在阳台、窗边等不安全的地点或不结实的桌下和床下。

（2）不要跟随人群向楼下拥挤逃生或不知所措、四处乱跑。

（3）不要在电梯或楼道内躲避。

（4）不要盲目跳楼。

互救措施

大地震发生后，除了灾区人民自救互救外，政府层面组织的专业地震救援是挽救地震受困人民生命的关键力量。若社会救援力量短期内达到不了的电力生产经营区域，电网企业应快速组织应急救援队伍对电网企业员工开展救援。

1. 搜索幸存者

救援人员通过观察、呼喊、敲击等人工方式搜索，还可用生命探测仪器进行搜索。

2. 营救幸存者

（1）在发现生命迹象后，坍塌区域较为危险不能短时间救出，用流食、药品维持受困者生命。

（2）符合救援条件时，先使用顶撑类破拆装置加强受困者上方支撑，打开封闭空间，注入新鲜空气。救援过程中要注意喷水降尘。

（3）用破拆救援工具清理受困者周围埋压物，打开救援通道。

（4）施救时，先将受困者头部露出，保证呼吸通畅，对于埋压时间长的应给水，使用遮光物保护受困者眼睛，注意边挖边支撑，逐步移出胸腹部和身体其他部位，切不可强行拖拽。

（5）受困者救出后，采取必要的医护措施后再送往医院治疗。

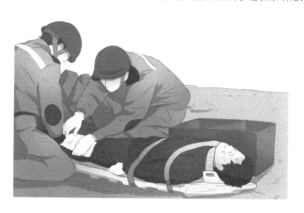

三 应急救援破拆工具

应急救援破拆工具主要应用于电网企业地震灾害救援和意外事故救援，可以移动和举升障碍物，撬开缝隙并扩充为通道，使金属结构变形等应用场景。破拆工具包括液压多功能钳（液压扩张钳、液压剪切钳）、破拆锤（凿破机）及电动液压救援顶杆。

（一）适用范围

液压扩张钳主要应用于地震灾害救援，意外事故救援，可以移动和举升障碍物，能够快速实施破门（窗）救援作业，撬开缝隙并扩充为通道，使金属结构变形等应用场景，第一时间将灾害中的人员解救。

　　液压剪切钳主要应用于地震灾害和建筑物坍塌救援，公路、铁路等交通事故救援，切断车辆构件，金属结构、管道、异型钢材和钢板。

　　破拆锤主要是应用于地震等自然灾害后楼宇坍塌等灾害性灾难时，对门窗、碎石、预制板，混凝土、砖石凿破和拆毁，能够快速恢复震后抢险救灾等进行破除。

电动液压救援顶杆主要应用于楼板受到严重损坏的建筑物、具有松散混凝土碎块建筑物、有裂缝或者破碎的预制板和砖石墙上等应用场景，使救援人员能够在任何情况下将顶杆置于最佳工作位置。

（二）使用方法

1．通用部分

主要介绍液压扩张钳、液压剪切钳、电动液压救援顶杆破拆工具使用前的连接部分步骤和注意事项。

（1）检查液压泵、液压扩张钳头（液压剪切钳、电动液压救援顶杆）、液压胶管外观有无裂纹、老化现象，是否具备使用条件。

（2）打开液压泵油箱口,检查液压泵机油、汽油油位是否充足,油料是否满足使用需求。

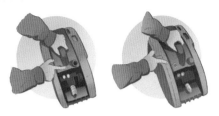

（3）检查并打开液压泵油门开关是否调到打开位置,同时将启动阀调到冷启动位置。

（4）将液压胶管与液压扩张钳头（液压剪切钳、电动液压救援顶杆）连接,连接时将扩张钳头（液压剪切钳、电动液压救援顶杆）和胶管上的遮蔽盖打开,扩张钳头（液压剪切钳、电动液压救援顶杆）遮蔽盖直接用力拔即可,胶管头遮蔽盖打开方式按照箭头方向指示打开。

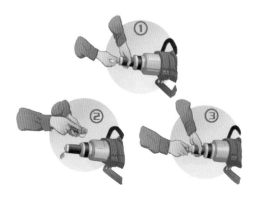

（5）液压胶管与液压扩张钳头（液压剪切钳、电动液压救援顶杆）连接完毕后，将两者的遮蔽盖自锁，防止在操作时误将液压胶管与液压扩张钳头（液压剪切钳、电动液压救援顶杆）脱开。

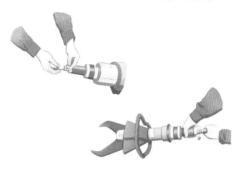

（6）利用同样方法将液压胶管与液压泵进行连接，连接时将液压泵、胶管上的遮蔽盖打开，胶管遮蔽盖直接用力拔即可，液压泵遮蔽打开方式按照箭头方向指示打开。

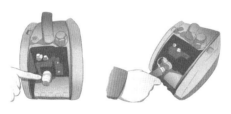

（7）液压胶管与液压泵连接完毕后，将两者的遮蔽盖自锁，防止在操作时误将液压胶管与液压泵脱开。

（8）用力拉动牵引绳,启动液压泵,将启动阀调到运行位置。

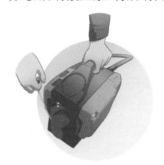

2．液压扩张钳操作步骤

按照操作手柄上的"←→"（扩张）或"→←"（闭合）正确使用,拆除顺序与连接顺序相反。

3．液压剪切钳操作步骤

（1）按照操作手柄上的"←→"（扩张）或"→←"（闭合）正确使用。刀片必须位于与需要剪切的物体垂直90度的位置,剪切物体时尽量将被剪切物体靠近刀片根部以产生最大的剪切力。

（2）拆除顺序与连接顺序相反。牵拉时，将钳头完全张开，更换专用钳头，连接牵引链，固定被牵引物体，闭合剪切钳进行牵拉，撤收时，闭合剪切钳，关闭液油阀、液压泵，将液压管与液压泵、剪切钳进行分解。

4．电动液压救援顶杆操作步骤

（1）按照从液压顶杆到液压泵的顺序连接液压胶管快速接头，确保连接牢固，并将相邻两个防尘盖相对扣紧。

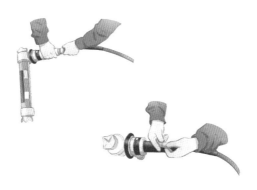

（2）顺时针方向转动手柄并保持在该位置开启设备。

（3）由液压泵提供动力，通过液压胶管与液压顶杆的连接，可顶撑倒塌建筑物。

（4）启动液压泵，选择合适场地情况的支撑座支撑液压顶杆，顺时针转动控制手柄，液压顶杆撑开；逆时针转动，液压顶杆收回。

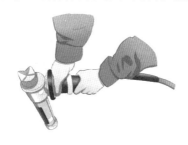

（5）撤收时，收回液压顶杆，液压泵处于泄压状态，断开快速接头，擦净接头并盖上防尘盖。

（6）液压泵处于工作状态时，禁止进行液压胶管、液压工具的连接。在泄压位置时，方可更换工具。

（7）按照相反的顺序，对电动液压救援顶杆进行拆除。

5．破拆锤操作步骤

（1）检查发电机、凿破机外观有无裂纹、老化现象，是否具备使用条件。

（2）打开发电机油箱口，检查汽油油位是否充足，油料是否能够得当使用。

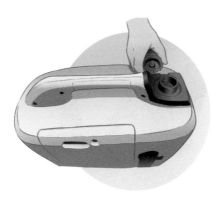

（3）检查并打开发电机开关是否调到打开位置,同时将启动阀调到启动位置。

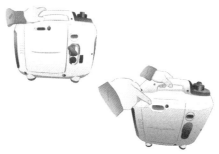

（4）用力拉动牵引绳,启动发电机,启动后,将启动阀调到运行位置,同时将发电机开关调至"ON"的位置。

（5）调节凿破机把手,将把手紧固到位,防止因把手未紧固到位造成操作时无法与操作平面垂直。

（6）调节凿破机开关,将开关调节到解锁位置。

（7）安装凿破机钻头,按照凿破机指示方向转动凿破机头部,将钻头垂直插入凿破机头部进行固定。

（8）拨动凿破机处油门至供油位置,拿稳设备,用力将设备与操作面垂直进行操作。拆除顺序与连接顺序相反。

第二节　地　质　灾　害

地质灾害是指在地球的发展演化过程中，由各种地质作用形成的灾害性地质事件，如崩塌、滑坡、泥石流、地裂缝、地面沉降、地面塌陷等，威胁电网企业员工生命安全及对电网设备安全运行造成破坏的地质作用。本节根据电网企业的工作特点主要描述了泥石流和滑坡的避险措施。

一　泥石流

泥石流是指在山区或地形险峻的地区，因为暴雨、暴雪或其他自然灾害引发的山体滑坡同时携有大量泥沙以及石块的特殊洪流。泥石流具有流速快、流量大、暴发突然、历时短暂、破坏力强等特点。

泥石流来临前，一般会出现巨大的响声、河流断流或河水变浑等现象。泥石流发生时，会产生沉闷的声音，河道内断流和河水变浑，是泥石流即将发生最显著的前兆。避险措施如下：

（1）发现泥石流后，要立即抛弃影响逃生的物品。

（2）正确选择逃生路线，与泥石流流动方向成垂直方向的两边高处逃生，不能沿着泥石流的流动方向跑。

（3）如果在公路上驾车时遇到泥石流，要第一时间弃车往公路两

边更高地势方向撤离。

（4）泥石流发生时，不能上树躲避。

二 滑坡

滑坡是指斜坡上的土体或者岩体，受河流冲刷、地下水活动、雨水浸泡、地震及人工切坡等因素影响，在重力作用下，沿着一定的软弱面或者软弱带，整体的或者分散的顺坡向下滑动的自然现象。

避险措施如下。

（1）经过危险路段时，要注意警示标识，不做停留，快速通过。行进中遭遇滑坡，要保持冷静，迅速离开有斜坡的路段。因滑坡造成交通堵塞时，应听从指挥，接受疏导。

（2）遇陡崖掉土块或石块，或观察到大石块摇摇欲坠，要绕行通过。遇到山体滑坡时要朝垂直于滚石前进的方向跑，切忌不要朝着滑坡方向跑。

（3）遇到山体崩滑，不能逃生时应迅速抱住身边的树木等固定物体，也可躲避在凸出、坚硬的岩石后。

（4）逃生时注意保护好头部，利用背包等物品裹住头部。

第三节　暴雪灾害

　　雪灾又称为白灾，是长时间大量降雪，造成大范围积雪成灾的自然现象。雪灾根据形成条件和表现形式可分为雪崩、风吹雪、牧区雪灾。雪灾容易造成树木倒伏在电力线路上，导致电力线路短路、雪闪，引发大面积停电，同时会阻塞道路，容易造成交通事故。此外，大雪常伴有低温，造成雪盲、冻伤、摔伤甚至死亡，对电网企业员工生命安全造成威胁。

一 自救措施

1．发生雪盲症

（1）可用眼罩、纱布覆盖眼睛，减少用眼。

（2）用凉毛巾对眼睛进行冷敷，症状严重者尽快就医。

2.风吹雪迷失自救

（1）用移动电话等通信工具向应急部门求救。

（2）夜间点燃树枝,将火堆摆成等边三角形求救信号。

（3）若遇到风吹雪,应停止行车,所有人员待在车内避险,开启车辆警示灯。

3．遭遇雪崩自救

（1）遭遇雪崩时,必须第一时间远离雪崩路线,抛弃身上笨重物品,向雪崩路线两侧逃生。

（2）若雪崩范围大，跑不出雪崩路线外，就近寻找坚固掩体躲避。

（3）若被掩埋时，要保持冷静，让口水流下，判断方向，向上挖掘，爬出雪堆，若爬不出雪堆，双臂支撑制造一个呼吸空间，保持体力，放慢呼吸，等待救援。

注意事项

（1）发生暴雪天气,尽量减少外出活动,尤其是减少车辆外出。

（2）确需外出时,应做好穿棉衣、防滑鞋等防寒保暖、防滑措施。

（3）步行时，要穿防滑鞋，切勿穿硬底以及光滑的鞋。

（4）行车应减速慢行，转弯时避免急转以防侧滑，踩刹车不要过急过死。

（5）冰雪路面行车，应安装防滑链，佩戴有色眼镜或变色眼镜。

（6）若是电力现场作业，暴雪天气严禁室外直接验电，严禁带电作业，严禁户外露天作业。

（7）暴雪天气巡线，应制订必要的安全措施，并得到设备运维管理单位（部门）分管领导批准。

第四节　水　灾

　　水灾指洪水泛滥、暴雨积水和土壤水分过多对人类社会造成的灾害。洪水灾害主要包括平原洪涝型水灾、沿海风暴潮型水灾、山地丘陵型水灾、冰凌灾害和城市洪涝灾害五种类型。通常所说的水灾是指洪涝灾害。水灾处置不当将会威胁电网企业职工外出作业安全和电网设备运行安全。处置措施如下：

（1）观察周围建筑与交通，选择附近地势较高、交通方便的位置，比如：撤到楼顶或树上避险。

（2）如果被洪水冲倒，要保持头脑清醒，并抓住漂浮物或者岸边的树木。

（3）适当准备一些饮用水和日用品，搜集木盆、木材、大件泡沫塑料等适合漂浮的材料，加工成救生装置以备急用。

（4）如果已被洪水包围，要设法尽快与应急部门取得联系，报告自己的方位和险情，积极寻求救援。

（5）用手电筒、哨子、旗帜、鲜艳的床单、衣物等工具发出求救信号。

（6）当驾车时遇到洪水，立即关闭车窗，迅速驶向高地。

紧闭车窗

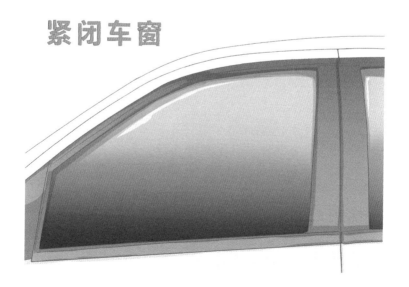

（7）洪水过后,服用防流行性病的药物,避免发生传染病。

第五节 大风灾害

大风是指近地面风力达到8级或以上的风，相当于风速17.2～20.7米/秒,大风时树木折断,迎风行走感觉阻力很大,对生产、生活产生严重影响。大风灾害会造成电网企业设备设施损坏、电网停运,对员工作业安全也会造成较大威胁。

○ **避险措施**

（1）大风来临时，在室内时关好门窗，若身处室外，应就近寻找安全地带躲避，严禁在临时建筑物、广告牌、铁塔、大树等附近躲避。

（2）若周围无安全遮蔽地带，向前行走时，一只手紧握另一只手腕，手肘撑开，平放于胸，微向前弯腰，慢慢移动。

（3）大风天气如有必要巡线，巡视人员应穿绝缘靴或绝缘鞋，佩戴防风眼镜，应沿线路上风侧前进，以免触及断落的导线。当大风灾害来临时，巡视人员应立即返回。

（4）若在车上，应立即将车开到地下停车场或隐蔽处。

（5）尽量避免在水域附近活动或躲避。

注意事项

（1）在5级及以上的风天气下，停止露天高处作业。特殊情况下，确需在恶劣天气进行抢修时，应制定相应的安全措施，经本单位批准后方可进行。

（2）风力大于5级，不宜带电作业，不宜起吊受风面积较大的物体。禁止露天动火作业，禁止砍剪高出或接近带电线路的树木，禁止在同杆塔多回线路中进行部分线路停电检修工作及直流单极线路停电检修工作。

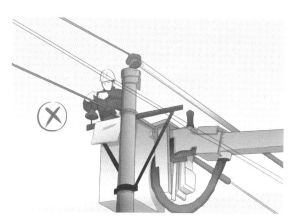

（3）遇有6级以上的风时，禁止露天进行起重工作。

（4）发布大风预警后，灾害区域内的重要无人值班变电站应恢复有人值班，做好人员、物资、车辆的准备工作。

（5）发布黄色及以上大风预警,停止户外露天工作,尽快撤离至附近室内。

第六节　沙　尘　暴

沙尘暴是指挟带大量沙尘的风暴,使空气很混浊,能见度小于1千米的天气现象,也叫沙暴、尘暴。沙尘会对外出作业电网企业员工的呼吸道和眼部健康造成影响,同时强风可能损坏电力设施,造成人身伤亡。

避险措施

（1）沙尘暴即将或已经发生时，应关好门窗，不安排外出检修工作，在外施工人员遭遇沙尘暴时应及时乘车返回。

（2）沙尘暴天气确需外出工作时，应戴口罩、风镜，穿着颜色鲜艳服装。

（3）变电站巡视人员应立即从室外设备区撤回到室内，做好变电设备的远程监测工作。

（4）发生沙尘暴时，在外工作人员应立即寻找安全、牢固、没有下落物的背风处躲避。要远离高层建筑、工地、广告牌、老树、枯树等，以免被高空坠落物或树枝砸伤。

（5）行车过程中如遇能见度极低无法辨认道路的沙尘天气,应寻找安全地段停车开启警告双闪灯,在车内躲避沙尘暴。

（6）在沙漠巡视中遭遇沙尘暴一旦与同伴走失和迷失方向后切记不要继续乱走,寻找被巡视线路有明显标示的高处或路边,尝试用手机联系和呼救等待同伴或救援。

注意事项

（1）不要在河、湖、沟畔边行走，以免被吹到水中溺亡。

（2）不要在沙漠周围低洼处躲避，防止被埋没。

第七节 雷 电

雷电是伴有闪电和雷鸣的放电现象，产生雷电的条件是雷雨云中有积累并形成极性。对电网企业建筑物、电气设备和户外作业人员危害较大。

一 避险措施

（1）注意关闭门窗，室内人员应远离门窗、水管、煤气管等金属物体。

（2）关闭办公、家用电器，拔掉电源插头、防止雷电从电源线入侵，不要站在灯泡下，不能用太阳能热水器洗澡。

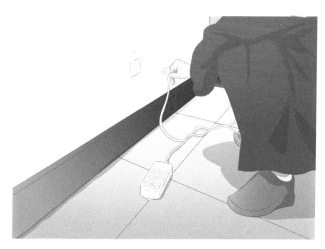

（3）在室外时，要及时躲避，不要在空旷的野外停留。在空旷的野外无处躲避时，应尽量寻找低洼之处藏身，或者立即蹲下，降低身体的高度。

（4）不要在孤立的建筑物避雨久留，注意避开电线，远离孤立的大树、高塔、电线杆、广告牌等。

（5）不要拿着金属物品在雷雨中停留，在雷雨中不宜打伞，也不宜将工器具扛在肩上，更不能使用手机。

（6）人在汽车内一般不会遭到雷电袭击但要注意不要将头和手伸出窗外。

（7）多人共处室外时，相互之间不要挤靠，以防被雷击中后电流互相传导。

二 互救措施

（1）被雷击伤后如衣服等着火，应该马上躺下，就地打滚，或趴在有水的洼地、水池中，救助者可往伤者身上泼水灭火，也可用厚外衣、毯子裹身灭火。

（2）对被雷击中人员，应立即采取心肺复苏法抢救。让伤者就地平卧，松解衣扣、腰带等，立即进行人工呼吸和胸外心脏按压，坚持到患者醒来为止，然后送医院急救。

第八节　　戈壁沙漠走失

沙漠和戈壁区域植物、雨水稀少、空气干燥、地形复杂，缺少参照物，容易迷失方向。随着电网的迅速发展，在新疆地区电网途经沙漠地段成为一种常态路径，电网企业员工在线路巡视、作业过程中，若迷失方向，极易走失，造成人身伤害。

一 自救措施

在开展巡视检修工作前，工作人员首先要对工作区段地形地貌有所了解，做好相应生活物资的准备工作，巡视区段的道路一般按照现有区段的进出路口执行。

（1）巡视人员发现自己巡视道路走错或无法返回时，要保持镇静，在周边寻找较大的参考物，沙漠区段输电线路杆塔可以作为首选，确定自己的大概位置。

（2）通过手机上现有地图软件,确定自己的准确坐标位置。用手机APP导航软件确认自己的运动轨迹,为自己返回确定路线,并同时将自己的坐标发送至队友,争取附近队友的帮助。

（3）结合携带的食物和水,做好合理分配,避免在沙漠地区滞

留时间较长导致缺水。最大限度地保存自己的体力,避免耗费大量体能。

（4）尽量选择避风、遮阳的沙丘区域保护自己。利用现有的物体,例如安全帽、鲜艳的衣服作为标志在附近较高的沙丘上树立,为救援人员提供明确的查找标记。

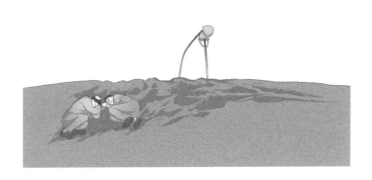

（5）在天气状况好的情况下，应该利用身边携带的小镜片等物品变换位置反光，向有人员通过的位置发射求救信号，便于过往人员发现光源，给救援人员提供位置，尽早得到救助。

（6）在空旷地面摆放或写出SOS的标志，为空中搜寻提供求救信号。

（7）在夜间或是天气状况较暗的情况下，使用灯光向外界发出三短三长三短的光束求救信号。也可以生三堆火，使之围成三角形或者排成直线，向外界提供求救信号。

二 互救措施

（1）发现人员走失时，根据工作任务了解巡视区段、地形地貌。

（2）在通信无法联系迷失人员时，现场其余巡检人员结合巡视区段沿线环境，分组逐段搜寻迷失人员遗留的痕迹。

（3）搜救人员在行进过程要标记好路径，为返回或后续救援人员做好道路指示。

（4）结合现场遗留的痕迹，使用无人机、直升机等空中救援装备开展搜救。

（5）发现走失人员后，首先判断身体状况，安抚情绪后开展相应的救护，并将信息告知其他队员及公司上级部门，在指定的地点集合返回。

第二章

事故灾害避险与救援

　　事故灾害是指由于事故的行为人出于故意或过失的行为，违反法规和有关安全管理的规章制度，造成物质损失或人员伤亡，并在一定程度上对社会或居民的公共安全造成危害。主要包括火灾、高空受困、触电急救、有害气体中毒、溺水等。

第一节　火　灾

 建筑物室内火灾

　　火灾是指在时间和空间上失去控制的灾害性燃烧现象。在各种灾害中，火灾是最经常、最普遍的威胁公众安全和社会发展的主要灾害之一。火灾将会造成电网企业的财产损失、人员伤亡。

　　（一）避险措施

1．查看安全通道情况

（1）电网企业员工进入建筑物时，要了解疏散示意图，熟悉建筑物的安全出口，发生火灾时做到有备无患。

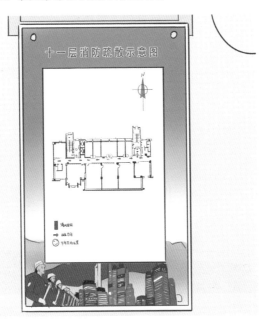

（2）查看通道出口是否畅通无阻以及建筑物的出口是否被杂物、门锁等封堵，确定火灾时具备逃生条件。

2．无烟火灾逃生措施

（1）如果火灾发生在房间内，并且是初期小火，可以用水、室内灭火器、楼道的消火栓扑灭火灾。

（2）同时拨打火警电话。

119
火警电话

（3）按下火灾报警装置，消防警铃发出火警警报，同时启动消防水泵。

（4）人员通过防火门后，关闭防火门。如果有卷帘门，拉下卷帘门，缩小火灾范围。

（5）迅速通过楼梯逃生，逃生时将楼梯一侧让给消防员。

3．有烟火灾逃生措施

（1）如果火灾发生在房间外，开门前先触摸门或门锁温度不高。打开门后楼道内有烟气，应将毛巾浸湿后，重叠超过8层，捂住口鼻，逃生时保持镇定，烟气中明辨方向，采取低姿势，弯腰跑或匍匐前进。

（2）根据起火点的位置，起火点在受困人员上方楼层，按照安全出口指示通过应急通道向下逃跑；在平房或一层的人员应立即逃到空旷处。

（3）起火点在受困人员下方楼层、楼道烟火过大无法向下逃生时，可以向上进入楼顶或避难区，等待救援。

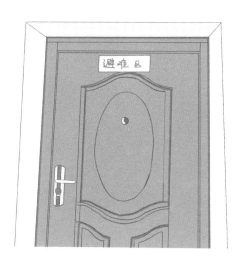

4．逃生通道遇阻时的避险措施

（1）手摸房门或门锁已感到烫手，有烟从门缝中冒出，此时可判断逃生通道已被切断。

（2）关紧迎火的门窗，打开背火的门窗，用湿毛巾或湿布堵塞门缝，或用浸水的棉被蒙上门窗。

（3）不停用水淋湿房间，防止烟火进入，固守在房内，直到救援人员到达。

（4）被围困人员应尽量待在阳台、窗口等地方，在没有通信方式的情况下，白天应向窗外晃动鲜艳的衣物，晚上可以用手电筒不停地在窗口闪动或敲击东西，及时发出有效的求救信号，引起救援者的注意。

（二）注意事项

发生火灾时，严禁乘坐电梯。

二 换流站火灾

换流变设备可能因为制造质量工艺问题、绝缘损坏、人为和自然等原因引发着火、爆炸，可能引发大面积停电。换流站发生火灾的救援措施如下：

（1）当发现设备起火后，应立即确认火情、起火位置，使用广播呼叫系统通知全站人员火灾情况，组织起火设备附近作业人员撤离至安全区域。

（2）对起火设备采取紧急停运措施，并对对侧和相邻的设备停运，确保消防设备灭火安全。

（3）调动驻站消防队伍按照应急预案扑救火灾，灭火人员应做好安全防护，站位应在火灾附近设备可能倒塌范围以外，利用站内消防车、消防炮等救火设施不间断采取灭火措施。如火势不能控制，应同时拨打消防报警电话调动地方救援力量。

（4）检查大型充油设备固定式自动灭火系统是否启动，未启动的要立即手动启动。

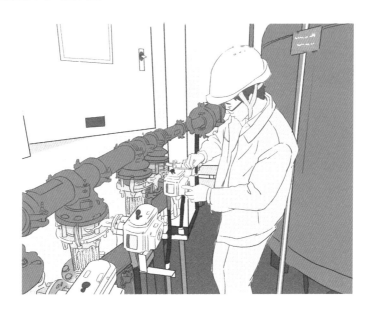

（5）适时向电力调度申请将直流系统主控站转移到对侧站。

（6）对阀厅状态监视，在确保人身安全前提下，在阀厅内设置消防设施，对阀厅封堵位置进行降温。

（7）派专人引导地方消防队伍进站，向消防指挥人员交待起火设备、火势发展情况、已采取的措施、站内水源情况等，辨别现场风向，合理设置消防车停靠位置。

（8）将泡沫原液运抵灭火现场，确保消防车长时间连续喷射泡沫灭火，使用消防沙袋进行电缆沟封堵，必要时在换流变广场做围堰，防止变压器油蔓延。

（9）火熄灭后应继续喷水降低设备内部温度，防止复燃。

三 **常用灭火器分类及使用方法**

火灾发生时，要先分清起火物性质，再选择适用的消防器材。常见的灭火器有干粉灭火器、二氧化碳灭火器、泡沫灭火器等。

1.手提式干粉灭火器

适用于扑救各种易燃、可燃液体或气体火灾，以及电气设备火灾，不能扑救金属燃烧火灾。操作程序及灭火技能如下：

（1）手提灭火器，向起火点奔跑。

（2）在起火部位前 1.5 ～ 2 米处，拉掉灭火器上面的保险销。

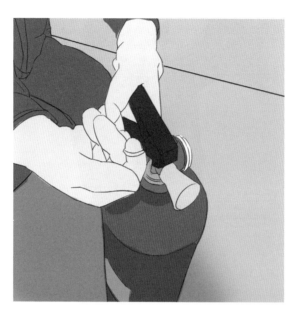

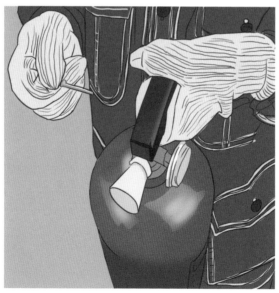

（3）使用前上下晃动灭火器，使干粉分布均匀。

（4）站在火源上风一手掌握好喷筒的灭火幅度，一手握提把及压把。灭火时从火源侧上方朝下扑灭，应对准火焰根部喷射。

2．推车式干粉灭火器

适用于扑救易燃液体、可燃气体和电气设备的初起火灾。该灭火器移动方便、操作简单，灭火效果好。操作程序及灭火技能如下：

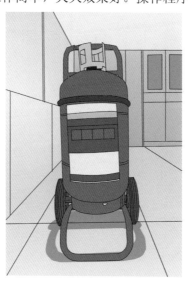

（1）两人一起把灭火器拉到现场。在离燃烧物 10 米左右停下。

（2）一人右手抓住喷粉枪，左手顺势展开喷粉胶管，直至平直，不能弯折或打圈。

（3）左手持喷粉枪管托，右手持枪把，用手扳动喷粉开关。

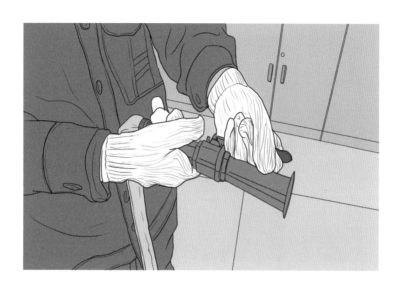

（4）另一人拔出铅封，向上抬手柄。

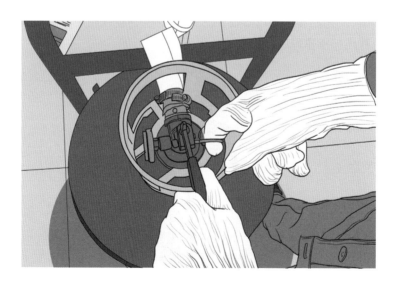

（5）一人对准火焰喷射，不断靠前左右摆动喷粉枪，把干粉笼罩在燃烧区，直至把火扑灭为止。

3．二氧化碳灭火器

主要适用于各种易燃、可燃气体火灾，还可扑救仪器仪表、图书档案、工艺品和低压电器设备的初起火灾。注意使用中不要碰喷管，以免冻伤。操作程序及灭火技能如下：

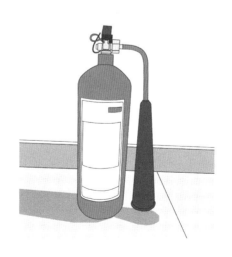

（1）一手握压把，另一手持喷桶。

（2）除掉铅封，拉掉灭火器上面的保险销，在起火部位前 1.5～2 米处，左手拿喷筒，右手用力压下压把。

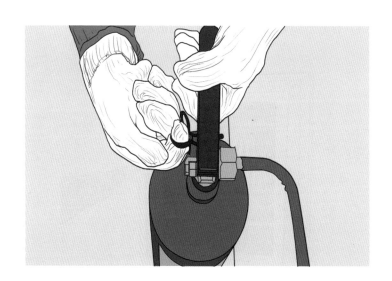

（3）对着火源根部喷射，并不断推前，直至把火焰扑灭。

4．消火栓

消火栓，俗称为消防栓，是一种固定式消防设施。主要作用是控制可燃物、隔绝助燃物、消除着火源，一般可分为室内消防栓和室外消火栓。其操作程序及灭火技能如下：

（1）打开或以硬物敲碎消火栓箱门的玻璃。

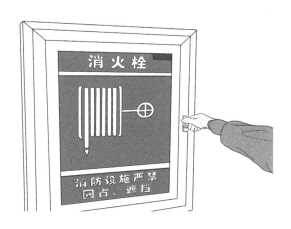

（2）拉出消防水龙带并展开。

（3）将消防水龙带分别接上消防栓和水枪。

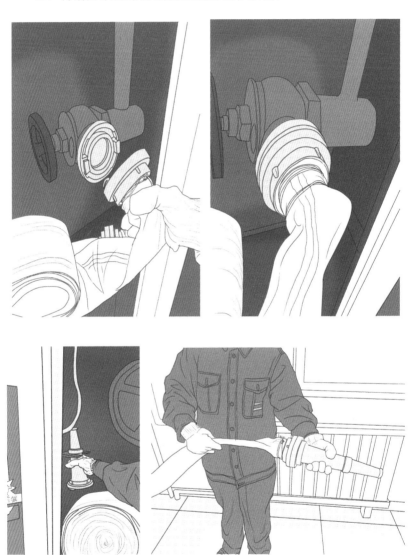

（4）快速拉取橡胶水管。

（5）快速拉取橡胶水管至火灾现场，同时缓慢开启水枪开关，向火焰底部喷射。

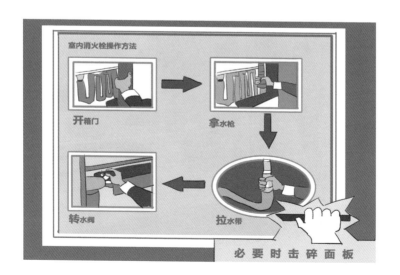

第二节 触电急救

触电一般指人体触及带电体，由于电流通过人体而造成的伤害。单相触电，指人体触及单相带电体的触电事故。两相触电，指人体同时触及两相带电体的触电事故，危险性很大。跨步电压触电，当带电体接地有电流流入地下时，电流在接地点周围产生电压降，人在接地处两脚之间出现了跨步电压，由此引起的触电事故叫跨步电压触电。触电的危险性与通过人体的电流大小、时间长短有关。

 脱离电源措施

1．脱离低压电源方法

（1）如果触电地点附近有电源开关或电源插座，可立即拉开开关或拔出插头，断开电源。但应注意到拉开线开关或墙壁开关等只控制一根线的开关，有可能因安全问题只能切断零线而没有断开电源相线。

（2）如果触电地点附近没有电源开关或电源插座，可用有绝缘柄的电工钳或有干燥木柄的斧头切断电线，断开电源。

（3）当电线搭落在触电者身上或压在身下时，可用干燥的衣服、手套、绳索、皮带、木板、木棒等绝缘物作为工具，拉开触电者或挑开电线，使触电者脱离电源。

（4）如果触电者的衣服是干燥的，又没有缠绕在身上，可以用一只手抓住他的衣服，拉离电源。但因触电者的身体是带电的，其鞋的绝缘也可能遭到破坏，救护人不得触电者的皮肤，也不能抓鞋子。

（5）若触电者发生在低压带电的架空线路上或配电台架、进户线上，对可立即切断电源的，则应迅速断开电源。救护者迅速登杆或登至可靠地方，并做好自身防触电、防坠落安全措施，用带有绝缘胶柄的钢丝钳、绝缘物体或干燥不导电等工具将触电者脱离电源。

2．脱离高压电源方法

（1）立即通知有关供电单位或用户停电。

（2）戴上绝缘手套，穿上绝缘靴，用相应电压等级的绝缘工具按顺序拉开断路器或熔断器。

（3）抛掷裸金属线使线路短路接地，迫使保护装置动作，断开电源。抛掷金属线前，应先将金属线的一端固定可靠接地，然后另一端系上重物抛掷，注意抛掷的一端不可触及触电者和其他人。另外，抛掷者抛出线后，要迅速离开接地的金属线8米以外或双腿并拢站立，防止跨步电压伤人，在抛掷短路线时，应注意防止电弧伤人或断线危及人员安全。

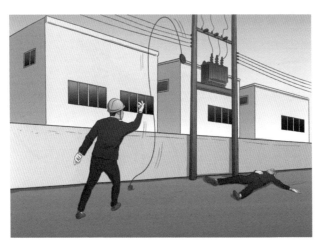

二 配电杆塔作业人员触电急救

配电杆塔上作业发生杆上或高处有人触电，应争取时间及早将触电者营救至地面，或直接在杆上高处进行抢救。

1.单人施救

（1）发现杆塔上有人触电，要争取时间及早在杆塔上开始抢救。得触电者脱离电源后，应迅速将其扶卧在救护人的安全带上（或在适当地方躺平）。然后根据触电者的意识、呼吸及颈动脉搏动情况来进行急救。为使抢救更为有效，应立即设法将触电者营救至地面，并继续按心肺复苏法坚持抢救。

（2）在杆上安装绳索，将绳子的一端固定在杆上，固定时绳子要绕 2 ~ 3 圈。

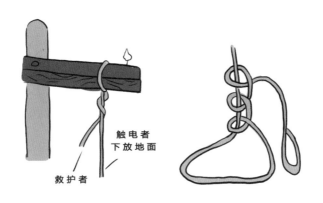

触电者
下放地面

救护者

（3）绳子的另一端放在触电者的腋下，绑的方法要先用柔软的物品垫在腋下，然后用绳子绕 1 圈，打 3 个扣结，绳头塞进触电者腋旁的圈内并压紧，绳子的长度应为杆的 1.2 ~ 1.5 倍。

（4）将触电者的脚扣和安全带松开，再解开固定在电杆上的绳子，缓缓将触电者放下。

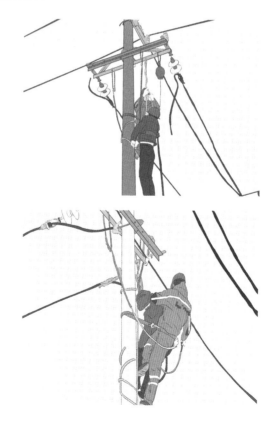

2．双人施救

双人营救法基本与单人营救方法一致，仅以下步骤不同：

（1）绳子的另一端由杆下人员握住缓缓下放，此时绳子要长一些，应为杆高的 2.2 ～ 2.5 倍，营救人员要协调一致，防止杆上人员突然松手，杆下人员没有准备而发生意外。

（2）对触电者开展触电急救（抢救）。

（3）触电者放至地面后，一经明确心跳、呼吸停止的，立即就地迅速用心肺复苏法进行抢救，并坚持不断地进行，同时及早与医疗急救中心（医疗部门）联系，争取医务人员交替救治。

3．注意事项

（1）救护人不可直接用手、其他金属及潮湿的物体作为救护工具，而应使用适当的绝缘工具。救护人最好用一只手操作，以防自己触电。

（2）防止触电者脱离电源后可能的摔伤，特别是当触电者在高处的情况下，应考虑防止坠落的措施。即使触电者在平地，也要注意触电者倒下的方向，注意防摔。救护者也应注意救护中自身的防坠落、摔伤措施。

（3）救护者在救护过程中特别是在杆上或高处抢救触者时，要注意自身和被救者与附近带电体之间的安全距离，防止再次触及带电设备。电气设备、线路即使电源已断开，对未做安全措施挂上接地线的设备也应视作有电设备。救护人员登高时应随身携带必要的绝缘工具和牢固的绳索等。

（4）如事故发生在夜间，应设置临时照明灯，以便于抢救，避免意外事故，但不能因此延误切除电源和进行急救的时间。

三 心肺复苏法

徒手心肺复苏操作分单人和双人操作。单人心肺复苏是指一个人单独完成心脏按压和人工呼吸等急救过程。双人心肺复苏是指两人同时进行心肺复苏，即一人进行心脏按压，一人进行人工呼吸。

1．成人单人徒手心肺复苏操作流程

（1）确认现场环境安全。救援环境应该是安全的。周围无高空坠物，无人身触电、交通事故等危及操作者和触电者安全的危险源。

（2）摆放体位。检查触电者体位是否正常，摆正触电者体位，将触电者置于仰卧位，并放在地上或硬板上。松解触电者引领和裤腰带。

（3）迅速判断触电者意识。触电者、轻拍双肩，呼唤触电者，若触电者无反应，则确认其意识丧失。

（4）呼叫救援。发现触电者无反应后立即请求周围人救援，高声呼救："快来人啊，有人晕倒了！"接着拨打"120"急救电话。

（5）判断颈动脉搏动及呼吸。操作者食指和中指指尖触及伤患者气管正中环状软骨位置（相当于喉结的部位），向侧方滑动至近侧胸锁乳突肌前缘凹陷处，默念 1001、1002、1003、1004、1005……，判断有无颈动脉搏动，同时通过看、听和感觉来判断触电者有无呼吸，判断时间为 5～10 秒。若触电者无意识、无呼吸、无循环体征，则立即进行心肺复苏。

（6）胸外心脏按压。在两乳头连线的中点（胸骨中下 1/3 处），用左手掌紧贴伤患者的胸部，两手重叠，左手五指翘起，双臂伸直，用上身的力量，以 100～120 次/分钟的频率进行胸外心脏按压 30 次，按压深度 5～6 厘米，每次按压后胸廓完全回弹，保证按压与抬起时间基本相等。

（7）开放气道。将触电者头偏向施救者一侧，观察并清除口、鼻腔异物及假牙，以压额提额法（也称仰头抬额法）开放气道。如触电者有颈椎损伤可能，可用托额法开放气道。

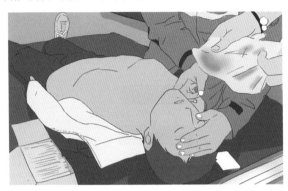

（8）人工呼吸。如无呼吸，立即口对口吹气两口。如有脉搏，表明心脏尚未停跳，可仅做人工呼吸，频率 10 ～ 12 次 / 分钟、每次吹气量为 500 ～ 600 毫升。如无脉搏立即在正确定位下在胸外按压位置去叩击 1 ～ 2 次。叩击后再次判断有无脉搏，如有脉搏即表明心跳已经恢复，可仅做人工呼吸即可。如无脉搏，立即在正确的位置进行胸外按压，不能耽搁时间。

2 分钟内按照心脏按压次数 / 人工呼吸次数 =30/2 的比例进行 5 个循环，完成一个按压周期。心脏按压开始，吹气结束。

（9）判断复苏是否有效。听触电者是否有呼吸声音，同时触摸是否有颈动脉搏动。检查、判断在10秒内完成。

（10）结束工作。整理触电者，洗手记录。尽早除颤，进一步进行高级生命支持。

成人单人徒手心肺复苏抢救伤患者的抢救程序和步骤归纳如下图所示。

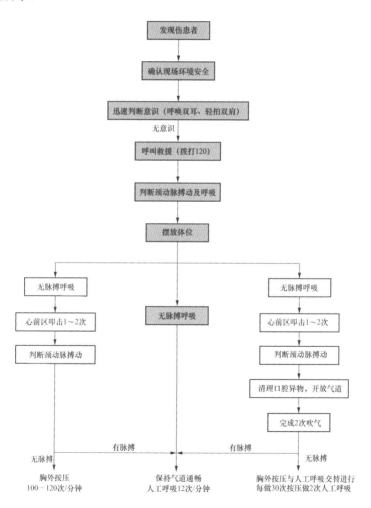

2．双人心肺复苏操作要求

（1）两人必须协调配合，吹气应在胸外按压的松弛时间内完成。

（2）按压频率为 100～120 次/分钟。

（3）按压与呼吸比例为 30:2，即 30 次心脏按压后，进行 2 次人工呼吸。

（4）为达到配合默契，可有按压者数口诀 01、02、03、04、……、29，吹，当吹气者听到"29"时，做好准备，听到"吹"后，即向伤患者嘴里吹气，按压者继而重数口诀 01、02、03、04、……、29，吹，如此周而复始循环进行。

（5）人工呼吸者除需通畅伤患者呼吸道、吹气外，还应经常触摸其颈动脉和观察瞳孔等。

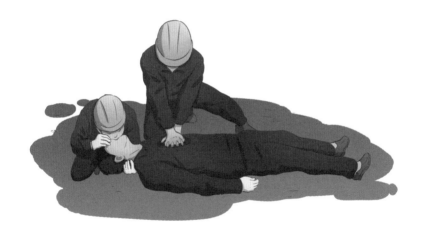

3．心肺复苏时注意事项

（1）心搏骤停的诊断一旦确诊，应立即抢救，切忌等待心电图和心脏听诊检查结果后再实施操作。

（2）吹气不能在向下按压心脏的同时进行。数口诀的速度应均衡，避免快慢不一。

（3）施救者应站或跪在触电者的侧面便于操作的位置，单人急救时应站或跪在触电者的肩部位置；双人急救时，吹气人应站或跪在触电者的头部，按压心脏者应站或跪在触电者胸部、与吹气者相对的一侧。

（4）第二抢救者到现场后，应首先检查颈动脉搏动，然后再开始做人工呼吸。如心脏按压有效，则应触到搏动，如不能触及则应观察心脏按压者的技术操作是否正确。必要时应增加按压深度及重新定位。

（5）人工呼吸与心脏按压者可以互换位置，互换操作，但中断时间不超过 5 秒。

（6）可以由第三抢救者及更多的抢救人员轮换操作，以保持精力充沛、姿势正确。

（7）在有条件的情况下，首先使用电击除颤 / 复律。无电击除颤 / 复律条件的抢救操作顺序依据现场情况灵活掌握。

第三节　　有毒气体中毒急救

在电缆隧道、电缆沟、电缆工井、涵洞等自然通风不良，易造成有毒有害、易燃易爆物质积聚或氧含量不足的有限空间内作业时，存在潜在的人员有害气体中毒的风险。

一　有害气体中毒现象

（1）六氟化硫：流泪、打喷嚏、咳嗽、头晕、恶心、胸闷、呼吸困难、喘息、皮肤黏膜变蓝、窒息。

（2）一氧化碳：头痛眩晕、心悸、恶心、呕吐、昏厥、虚脱、昏迷、大小便失禁、四肢厥冷。

（3）二氧化碳：头晕、心悸、惊厥、昏迷、呕吐、咳白色或血性泡沫痰、抽搐、四肢强直。

（4）硫化氢：头痛、头晕、乏力、恶心、烦躁、意识模糊、癫痫样抽搐。

 有害气体应急处置措施

1．人员自救

工作人员发现自身可能存在有害气体，有流泪、眼痛、呛咳、咽部干燥等症状时，应立刻撤离工作现场，前往阴凉通风处，并联系相关医疗部门。

2．互救他救

（1）发现人员中毒后，应立即使用检测仪器对危险区域（有限空间）有毒有害气体的浓度和氧气含量进行检测。

（2）救援前应采取强制性持续通风等措施降低危险，严禁用纯氧进行通风换气。应急救援人员要穿戴好必要的劳动防护用品（呼吸器、工作服、工作帽、手套、工作鞋、安全绳等），系好安全带，以防止受到伤害。

（3）在有限空间内救援照明灯应使用防爆灯具，救援过程中，有限空间内救援人员应配备通信装备，并与外部人员保持通信畅通，救援过程中应有专人监护。

（4）发现有限空间内有受伤人员，用安全带系好被抢救者两腿根部及上体妥善提升使患者脱离危险区域，避免影响其呼吸或触及受伤部位。

（5）救出伤员后，应立即将伤员转移至通风良好处休息，已休克或昏迷伤员应给予氧气呼入；心跳停止者，按照心肺复苏法抢救，同时联系医院进行救治。

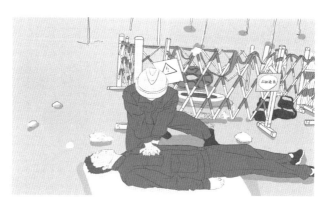

第四节　溺水救援

溺水是指人淹没于水中，由于水吸入肺内或喉痉挛所致窒息身亡。

 溺水自救

（1）溺水后切忌大喊大叫，猛烈挣扎，防止快速消耗体力或被水草缠住。

（2）利用漂浮物求生，如救生圈、救生带、救生枕、木板、木块等漂浮物。

（3）徒手漂浮求生，溺水后立即采取仰泳姿势，头部向后仰，口向上方口鼻露出水面，呼气宜浅，吸气宜深。

二　溺水互救

1．岸上施救

（1）向周边呼救，寻找有会游泳的人员，采取安全措施情况下进行救援。

（2）向落水者抛救生圈或者衣物结成绳子。

（3）立即拨打救援电话，等待救援人员，进行施救。

2．水中施救

如果溺水者距离施救者较远，且清楚水下情况，做好下水前准备后进行水中救援。

（1）下水前先准备好一条结实够长的长布条、绳索、救生圈后进行下水。

（2）接近溺水者，可从溺水者旁或潜泳至背后 2～3 米处，尽量不要直接接触溺水者进行救援。

（3）挣脱自救。如果不慎被溺水者抱住，利用上臂、腿或下潜方式挣扎。

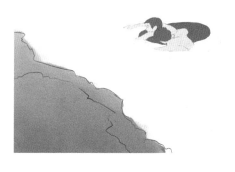

（4）带回岸边，如果溺水者配合或已昏迷，使用仰泳或侧泳把伤员带回岸上，保证其脸面朝上。

3．上岸后的急救

（1）观察溺水者有无脉搏、呼吸，如果没有脉搏，先行采用胸外按压进行救治，如果没有呼吸采用人工呼吸方式，具体心肺复苏法详见本章第二节内容。

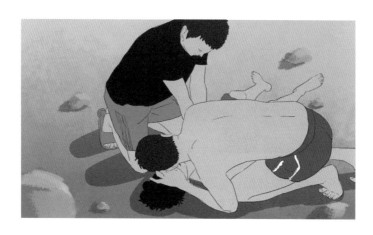

（2）将溺水者救到岸边进行施救，保持呼吸道通畅。立即清除口、鼻内的泥沙，呕吐物等。

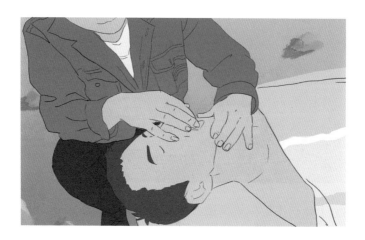

（3）将溺水者头后仰，抬高下颌，使气道开放，保持呼吸道畅通。

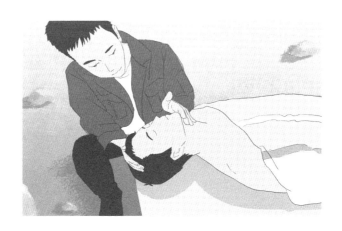

（4）湿衣服吸收体温，妨碍胸外扩张，使人工呼吸无效。抢救时，应脱去湿衣服，盖上毛毯等保温。

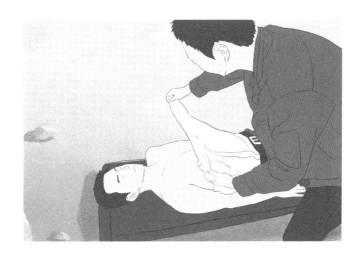

（5）上岸后采取倒水措施。急救者一腿跪在地，另一腿屈膝，将溺水者腹部横放在其大腿上，使其头下垂，接着按压其背部，使胃内积水倒出。或使用腰部倒水法，急救者从后、抱起溺者的腰部，使其背向上，头向下，将水倒出。

三 救生器材的使用方法

1．救生圈使用方法

（1）抛投者一手握住救生圈的救生索，或将救生索系在岸边固定物上，把救生圈抛在落水人员的上游方向，顺水拉回溺水者。

（2）落水者先抓住手索，然后双手同时向下压住救生圈的一侧，使救生圈竖起，手和头顺势钻入圈内，再将救生圈夹在两腋下面，保持头部高于水面，身体浮于水中，等待救助。

（3）救生圈本体不得有损坏及变形，且无老化现象。救生圈配备的安全绳需勤检查，如果磨损较大应该停止使用。

2．救生衣使用方法

（1）穿救生衣时，把带有口哨的长方形浮力袋子放在胸前，双手拉紧缚带，并系好。

（2）穿好后要检查每一处是否系牢。

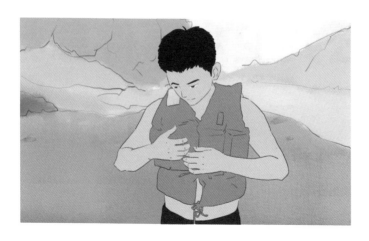

（3）禁止使用被酸、碱、盐的化学腐蚀过的且泡沫塑料因长期受力而变形的救生衣。

第三章

公共卫生事件急救

　　公共卫生事件是指突然发生的，造成或可能会造成社会公众健康损害的疫情、疾病、中毒及其他影响公众健康的事件。本章根据电网企业员工在现场工作和电力建设中可能会发生的突发事件，主要介绍失血、骨折、颅脑外伤、烧伤、冻伤、脱水、蜂蜇、毒蛇咬伤、犬咬伤、高血压、心脏病、食物中毒、高温中暑、发热、昏厥等事件的急救方法。

第一节 失血急救

创伤出血是日常工作、生活中最常见的损伤，轻则皮肤受损，重则危及生命。出血分为内出血和外出血，内出血会出现吐血、咯血、便血、尿血，面色苍白、出冷汗、四肢发冷、脉搏快弱、昏迷、呕吐及胸腹部肿痛等症状；外出血分为动脉出血、静脉出血、毛细血管出血三种。如果失血量较少，不超400毫升时，可以通过身体的自我调节，很快恢复正常；如果失血量超过约800毫升时，会出现头晕、血压下降、脉搏增快、出冷汗、面色苍白、少尿等症状。当失血量超过约1600毫升时，可能出现昏迷，意识丧失，甚至威胁生命安全。

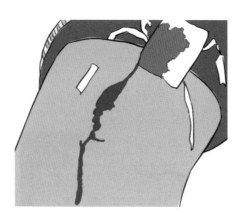

一 现场急救的方法

在工作现场或紧急情况下发生创伤出血，如果没有消毒药和无菌纱布、绷带等急救物品时，可以用比较干净的衣服、毛巾、包袱皮、被单等代替。包扎时不能过紧，以防引起疼痛和肿胀；不宜过松，以防脱落。

1．指压止血法

头部、颈部和四肢外伤出血，用手指压迫出血的近心端血管上部，用力压向骨方，以达到止血目的。

（1）头顶部出血。在伤侧耳前，对准耳屏上前方1.5厘米处，用拇指压迫颞动脉。

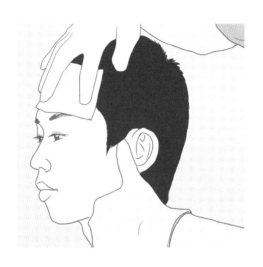

（2）面部出血。用拇指压迫伤侧下颌骨与咬肌前缘交界处的面动脉。

（3）鼻出血。首先要保持镇静，因紧张可致血压升高，加重出血。用拇指和食指压迫鼻唇沟与鼻翼相交的端点处，头部进行冷敷。或利用填塞物填压鼻腔，使破裂的血管形成血栓而达到止血的目的。

（4）头面部、颈部出血。四个手指并拢对准颈部胸锁乳突肌中段内侧，将颈总动脉压向颈椎上。但不能同时压迫两侧的颈总动脉，压迫止血时间也不能太长，以免引起化学和压力感受反应而危及生命。

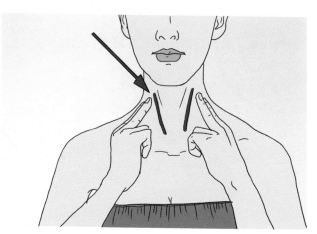

（5）肩、腋部出血。用拇指或用四指并拢压迫同侧锁骨上窝，向下对准第一肋骨，压住锁骨下动脉。

（6）上臂出血。一手抬高伤肢，另一手四个手指对准上臂中段内侧，将肱动脉压于肱骨上。

（7）前臂出血。抬高伤肢，压迫肘窝处肱动脉末端。

（8）手掌出血。抬高伤肢，压迫手腕部的尺、桡动脉。

（9）手指出血。抬高伤肢，用食指、拇指分别压迫手指掌侧的两侧指动脉。

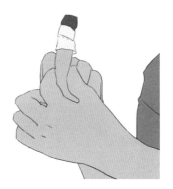

（10）小腿出血。在伤员没有骨折和关节损伤的情况下，可以压迫腘窝处动脉搏动处，或者采用屈肢加垫止血法。如图所示进行包扎，可以用毛巾或者干净的衣服进行加垫。

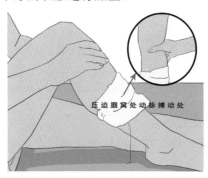

压迫腘窝处动脉搏动处

（11）大腿出血。用双手拇指或肘部在腹股沟中点稍下方，压迫股动脉。

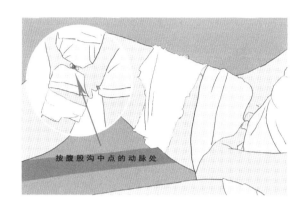

按腹股沟中点的动脉处

（12）足部出血。用两手拇指分别压迫足背动脉和内踝的跟腱之间的胫后动脉。

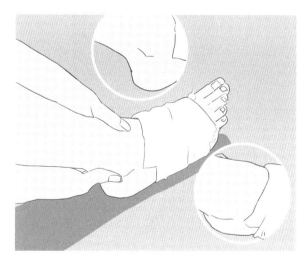

2．加压包扎止血法

用消毒的纱布，棉花作成软垫放在伤口上，再用力加以包扎，以增大压力达到止血的目的。

（1）屈肢加垫止血法。当前臂或小腿出血时，可在肘窝、腘窝内放以纱布垫、棉花团或毛巾、衣服等物品，屈曲关节，用三角巾、绷带或领带等作 8 字形固定。骨折、骨裂或关节脱位者不适用此方法。

（2）绞紧止血法。用三角巾折成带状或用布条作止血带，在肢体出血点上方绕患肢打一个活结，活结朝上，避开中段，取一根小棒或代用物穿在带形外侧绞紧，绞棒的另一端插在活结小圈内固定。

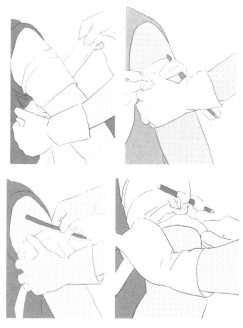

（3）橡皮止血带止血法。常用的止血带是长1米左右的橡皮管。将掌心向上，止血带一端由虎口拿住，留出五寸，一手拉紧，绕肢全一圈半，中、食两指将止血带末端夹住，顺着肢体用力拉下，压住余头，以免滑脱。

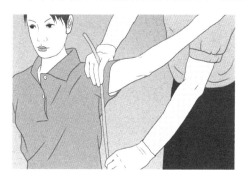

 使用止血带注意事项

（1）快——动作快、抢时间。

（2）准——看准出血点，准确上好止血带。

（3）垫——垫上垫子，不要直接扎在皮肤上。

（4）上——扎在伤口上方，禁止扎在上臂中段。

（5）适——松紧适宜。脉搏停跳且指甲盖不变色，橡皮带变色足够。

（6）标——加上红色标记，注明上止血带时间。

（7）放——每隔 1 小时放松止血带 1 次，每次放松不超过 3 分钟，并用指压法代替止血。

第二节 骨 折 急 救

骨折通常分为闭合性和开放性两大类。闭合性骨折指皮肤软组织相对完整，骨折端尚未和外界连通；开放性骨折则是指骨折处有伤口，骨折端已与外界连通。全身各个部位都可发生骨折，最常见的是四肢骨折。骨折一般伴随着出血或会发生感染，对人体危害比较严重，之后可能会导致关节出现疼痛，同时也有可能留下后遗症出现力量减退、神经损伤、感觉异常或麻木等情况。

一 自救措施

（1）止血。对开放性骨折，出现大出血者，应及时进行止血，可根据具体情况，应用压迫、加压包扎或止血带等方法。

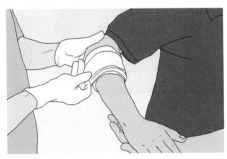

（2）保护伤口。伤口表面有明显异物可以取掉，然后用清洁的布类覆盖包扎伤口。对外露的骨折端，不要还纳，以免将污染物带入深层，但要进行保护性包扎。

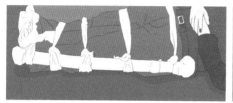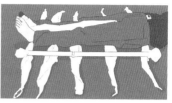

（3）伤肢固定。伤肢的及时固定，可减轻疼痛，避免造成对神经、血管的损伤。固定材料可就地取材，使用木板、树枝等，如无物无用，可将受伤的上肢固定于胸壁，下肢固定于健肢侧。

（4）完成自我救治后，尽快与医疗机构取得联系，获得进一步的治疗。

 互救措施

（1）肢体骨折可用夹板和木棍、竹竿等将断骨上、下方两个关节固定，若无固定物，则可将受伤的上肢绑在胸部，将受伤的下肢同健肢一并绑起来，避免骨折部位移动，以减少疼痛，防止伤势恶化。

（2）开放性骨折，伴有大出血者，先止血，再固定，并用干净布片或纱布覆盖伤口，然后速送医院救治。切勿将外露的断骨推回

伤口内。若在包扎伤口时骨折端已自行滑回创口内，则到医院后，须向负责医生说明，提请注意。

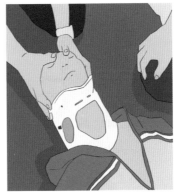

（3）疑有颈椎损伤，在使伤员平卧后，用沙土袋（或其他代替物）放置头部两侧以使颈部固定不动。

（4）腰椎骨折应将伤员平卧在硬木板（或门板）上，并将腰椎躯干及两下肢一同进行固定预防瘫痪。搬动时应数人合作，保持平稳，不能扭曲。平地搬运时伤员头部在后，上楼、下楼、下坡时头部在上，搬运中应严密观察伤员，防止伤情突变。

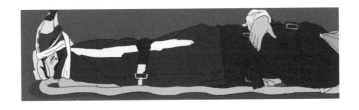

（5）如现场无担架可采取徒手搬运，徒手搬运伤员是简单、快速的搬运方法，适合于短途搬运。根据骨折部位不同可采取以下方法进行短途搬运，并及时送往医院进行救治。

扶持法

背负法（正面）

背负法（侧面）

抱持法

拖行法

双人搀扶法

拉车式

形成口字形

伤员双臂搭在救护人员肩上

杠轿式

第三节　颅脑外伤急救

电网企业员工在工作中可能遭受物体打击造成部外伤。

 急救措施

（1）应使伤员采取平卧位，保持气道通畅。

　　若有呕吐，应扶好头部和身体，使头部和身体同时侧转，防止呕吐物造成窒息。

　　（2）耳鼻有液体流出时，不要用棉花堵塞，只可轻轻拭去，以利降低颅内压力。不可用力擤鼻，或将液体吸入鼻内。

（3）要保持镇静，发现头部受伤者，即使无昏迷也要禁食限水，静卧放松，避免情绪激动，不要随便搬动。

（4）若头部出血应立即就地取材，利用衣服或布料进行加压包扎止血。切忌在现场拔出致伤物，以免引起大出血。

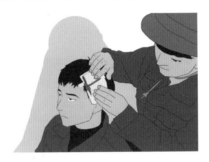

（5）搬运伤员时要平稳快运，应迅速送到医院救治。

二 注意事项

（1）切勿随意搬动伤者身体，防止大出血。

（2）颅脑外伤伤者无明显外伤情况下，随行人员要对伤者受伤位置做好标记，及时准确告诉医生。

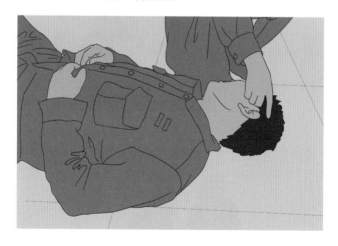

第四节　烧伤急救

烧伤是指人体接触高温、电或者化学物质等造成的组织损伤。

主要包括热液（水、汤油等）、蒸汽、高温气体、火焰、炽热金属液体或固体接触人体等引起的组织损害，主要分为热力烧伤、化学烧伤和电烧伤。症状为皮肤发红或变色、肿胀、破损，水疱、产生剧痛，严重者皮肤焦黑或变白，损伤末梢神经。

一 急救措施

（1）人体被火烧伤时，应就地打滚压灭火焰，不要站立或奔跑呼救，防止面部烧伤或吸入性损伤。或采取用湿衣扑打或浇水的方式灭火，不可因惊吓而乱跑，以免火借风势越燃越旺。

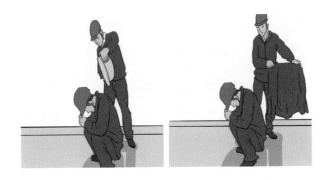

（2）应保持伤口清洁。有衣服部位烫伤时，应将伤员的衣物使用剪刀剪开除去，伤口全部用清洁的布片覆盖，防止污染。未经医务人员同意，灼伤部位不宜敷搽任何东西和药物。送医院途中，可给伤员多次少量口服糖盐水。

（3）强酸或碱灼伤应迅速脱去被溅染衣物，现场立即用大量水彻底冲洗，冲洗时间不得少于 10 分钟，然后去医院用适当药物中和，强酸灼伤应用 5% 碳酸氢钠（小苏打）溶液中和。

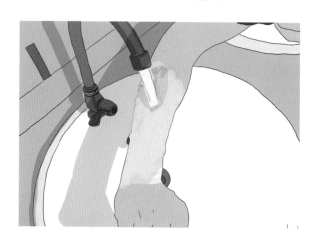

（4）当眼睛进入化学品时绝对不能揉眼睛，应立即用清水冲洗 15 ～ 20 分钟。冲洗时将进入化学品的眼睛向下，待充分冲洗后送往医院。不得将眼药点入眼内。

二 注意事项

（1）立即离开密闭或通风不良的现场，以免发生吸入性损伤和窒息。

（2）如有水疱，尽量不要把水疱挤破，已破的水疱切忌剪除表皮。

第五节 冻伤急救

冻伤是由低温寒冷侵袭机体所引起的损伤。轻度冻伤症状为皮肤苍白、疼痛，进而出现水肿、痒、冻疮。严重者皮肤呈黑色，局部皮肤或肢体坏死，局部感觉消失。

 急救措施

（1）迅速脱离寒冷环境，尽快复温，将伤员的潮湿衣物褪去后用干燥柔软的衣物覆盖。可以给伤员服用热水，局部冻伤时将冻伤部位放入 30 摄氏度～ 38 摄氏度水中浸泡，患肢颜色转红，复温后停止。

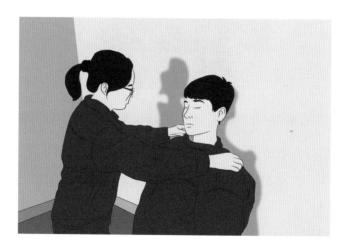

（2）冻伤使肌肉僵直，严重者深及骨骼，在救护搬运过程中动作要轻柔，不要强使其肢体弯曲，以免加重损伤，应使用担架，将伤员平卧并抬至温暖室内救治，不得烤火或用雪擦拭。

（3）尽快将伤员安置入温暖的室内，室温宜为 22 ～ 25 摄氏度，伤员血脉自然恢复通畅后劝伤员活动手指、脚趾或其他部位。

二 注意事项

（1）不要用雪或冰擦冻伤处，搓擦冻伤的组织容易引起坏痈，冻伤处不应使用热水、热水玻璃瓶或热的灯泡等过热热源加热。

（2）复温后如有疼痛，可口服止疼片，伤处的小水泡不要弄破，大水泡可在无菌条件下穿破，盖以无菌纱布，包扎保暖。

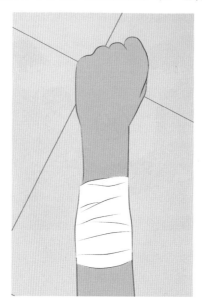

（3）伤处应注意防止感染，涂覆消毒油膏后包扎。

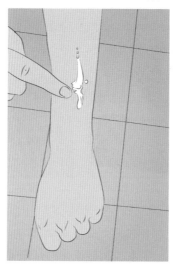

第六节　　动物伤害

　毒蛇咬伤

毒蛇咬伤发病急、病程短，如未得到及时救治易致严重并发症，甚至死亡。因此，快速、准确、有效的急救处理是救治蛇咬伤患者的一个不可忽视的重要环节。

毒蛇咬伤后的伤口能见 2～4 个较大而深的毒牙牙痕，牙痕粗且深，无毒蛇咬伤的牙痕则小且排列整齐。

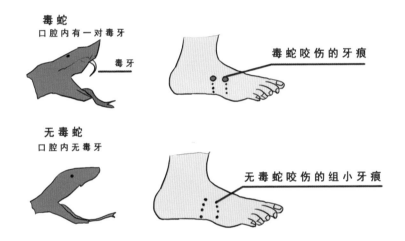

1．急救措施

（1）毒蛇咬伤后，不要惊慌、奔跑、饮酒，以免加速蛇毒在人体扩散展。

（2）咬伤大多在四肢，应迅速从伤口上端向下方反复挤出毒液，然后在伤口上方（近心端）用布带扎紧，每隔 10 分钟放松 2～3 分钟，防止肢体缺血坏死，避免活动，减少毒液吸收。

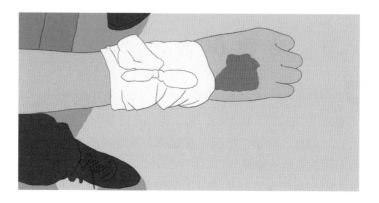

（3）用大量清水、盐水、肥皂水等反复冲洗伤口表面。

（4）有条件可用拔火罐、瓶子等方法在咬伤局部吸取毒液，或伤口盖上塑料袋，用嘴吸毒，吸一口吐一口，吐后漱口，反复进行。

（5）有条件的可服用解蛇毒药，再送往医院救治。

2.注意事项

（1）伤病员应保持镇定，禁止乱跑乱叫。

（2）禁止用刀切开皮肤（医护人员或有救护经验的救护员除外）。

二 蜂蜇

人被蜂蜇伤后，主要表现在局部剧痛、灼热、红肿以及形成水泡。被群蜂或毒性较大的黄蜂蜇伤后，症状较重，会出现头晕、头痛、恶寒、发热、烦躁、痉挛及晕厥等症状，严重者甚至会出现心率增快、血压下降、休克和昏迷。

1.急救措施

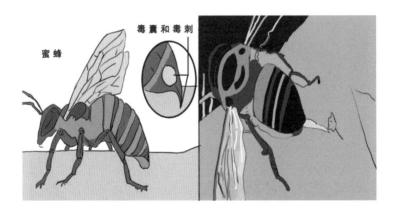

（1）遇到蜂群袭击时不可乱跑，而应马上抱头蹲下，用衣物遮

住裸露的皮肤，尤其要重点保护头部和面部，防止再次被蜇伤。

（2）被蜂蜇伤后，要查看伤口是否有毒刺，有毒刺留在伤口内的，应用镊子、针尖挑出。

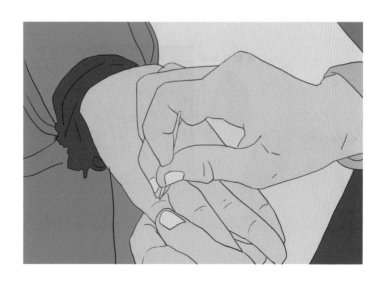

（3）若被蜜蜂蜇伤，可用肥皂水、5％苏打水等弱碱性溶液涂擦洗敷伤口。

（4）若被黄蜂蜇伤，可用食醋等弱酸性液体洗敷。

（5）伤情较重或存在过敏反应的，应立即送医院治疗。

2．注意事项

（1）不能对伤口进行挤压，避免毒液扩散。

（2）若面部被蜇伤，可用冰块、冷水袋进行冷敷，严禁热敷。

三　犬咬

人被狗咬伤、抓伤，有可能被传染狂犬病。狂犬病潜伏期长短不一，常见症状有恐水、怕风、咽肌痉挛、进行性瘫痪，一旦发病，存活的可能性极小。

1．急救措施

（1）立即用浓肥皂水或清水冲洗伤口至少 15 分钟，同时用挤压法自上而下将残留伤口内唾液挤出，然后再用碘酒涂擦伤口。伤口较深，有条件的要用针管注入清洗，确保伤口的干净。

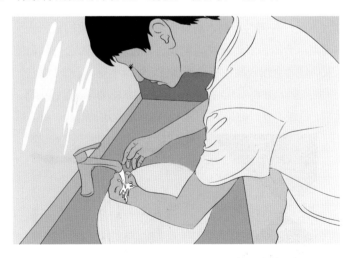

（2）在 48 小时内注射狂犬疫苗，要根据医生要求，打完疗程。

2．注意事项

注射狂犬疫苗后，应注意休息，不要做激烈运动。

第七节　　高血压急救

高血压是一种慢性疾病，通常会发生高血压危象的紧急情况，突然发作的高血压会给患者造成严重的伤害，抢救不及时会有致命的危险。高血压发病轻者会出现面色苍白或潮红、烦躁不安、心悸、多汗、恶心、呕吐、手足发抖，并可发生心绞痛、急性左心衰竭等。重者头痛、呕吐、视力模糊、烦躁不安、抽搐、失语、肢体感觉及运动障碍、神志障碍等。

 自 救措施

（1）如自身带有治疗高血压药物，应立即服用，迅速降低过高的血压，积极防治并发症。

（2）立即休息，保持安静，避免刺激。

 互救措施

（1）拨打 120，向急救中心呼救。

（2）在医疗人员到来前，先抬高发病人头部，使身体与地面呈30度角，以达到体位性降压的目的。

（3）保持呼吸道通畅，把头部偏向一侧，以免呕吐物吸入呼吸道而引起窒息。

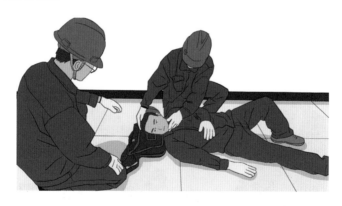

（4）必要时吸氧。

（5）寻找患者随身携带的降压药物为其降压。

（6）送医途中严密监护发病者的神志、呼吸、脉搏、心率、血压及并发症等病情变化。

第八节　心脏病急救

 病情概况

　　心脏病是一种常见的循环系统疾病，主要包括心绞痛、心肌梗塞、心搏骤停等。心绞痛发作特征：常发生于劳动或情绪激动时，持续数分钟（3～5分钟），阵发性的前胸压榨性疼痛感觉，胸骨后部，可放射至心前区和左上肢，休息或服用硝酸制剂后消失。心肌梗塞发作特征：突然发作剧烈而持久的胸后骨或心前区压榨性疼痛，部分患者疼痛部位位于上腹部，剧烈疼痛、恶心、呕吐、血容量不足、心律失常。心搏骤停：患者的心脏在正常或者无重大病变的情况下，受到严重打击引起的心脏有效收缩和泵血功能突然停止。猝死发生在症状出现后的几分钟。

二 **急救措施**

1．心绞痛

　　（1）立即停止工作，坐下或平卧休息。帮助病人处于疼痛最轻的体位，解松领带、皮带、纽扣等。

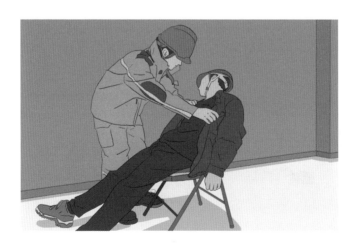

（2）口含速效救心丸、硝酸甘油片等急救药品，舌下含服，避免吞服，通常2分钟左右即可缓解。若症状未缓解，尽快送医院急救。

（3）如果发病时，没有药物在身边，可以指掐内关穴位，也可用力压迫手臂酸痛部位。

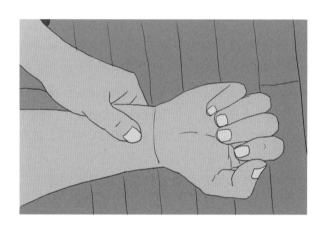

2．心肌梗塞

（1）密切注视生命征候情况的同时，拨打120电话呼叫救护车。

（2）解松衣服，让病人保持半坐位或病人感到最舒服的体位。

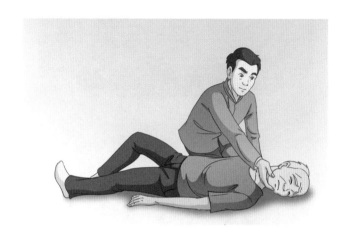

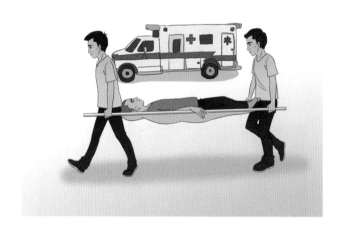

（3）含服速效救心丸或者硝酸甘油片等急救药品，手边若有阿司匹林等抗凝类药物也可口服，有条件尽快吸氧。

3．心搏骤停

（1）伤员仰卧于硬板床或地面上，头部与心脏在同一水平，以保证脑血流量。如有可能应抬高下肢，以增加回心血量。

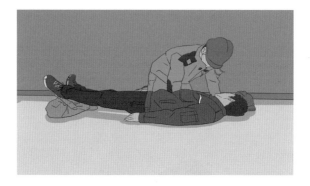

（2）判断昏倒的人有无意识。

（3）如无反应，立即呼救，并拨打 120 电话叫救护车。

（4）迅速将伤员放置于仰卧位，并放在地上或硬板上。

（5）送医急救先应该持续做心肺复苏，中断时间不超过 5 秒。

第九节　食物中毒

食物中毒是指吃了有毒的食物而引起的人体急性中毒。一般分为细菌性食物中毒、化学性食物中毒、有毒动物食物中毒、有毒植物中毒、真菌毒素和霉变食品中毒等。中毒常表现为恶心、呕吐、腹痛、腹泻、头晕、无力、发热、休克、脱水等症状。

一　自救措施

（1）食物中毒的主要自救措施就是催吐。若不小心食用了有毒变质食物，进食时间在 1 ～ 2 小时内，使用手指，按压舌根，并碰触扁桃体，自我产生反射，发生呕吐，或用双手挤压胃部以下位置。

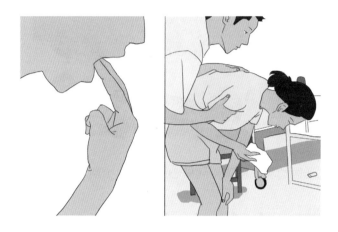

（2）如感觉无法缓解或症状加重，尽快拨打 120 急救电话。

二　互救措施

（1）食物中毒同样适用开展催吐互救，除以上催吐方法外，可轻拍病人背部对应于胃的位置，用以下方法辅助催吐。

1）取食盐 20 克、开水 200 毫升调匀，冷却后给病人一次喝下。如无效，可多喝几次。

2）用鲜生姜 100 克取汁与 200 毫升温水调和让病人一次性服下。

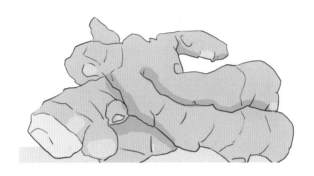

若因食用变质的荤腥食品，导致的中毒，可服用催吐药物促进呕吐。

（2）导泻法，适用于饮食时间超过 2 小时、精神良好的轻度中毒者，服用通便排泄的药物。

（3）解毒法，适用于化学性食物中毒，方法如下。

1）若误服腐蚀性毒物，如强酸强碱后，应及时服用稠米汤、鸡蛋清、豆浆、牛奶、面糊等含蛋白质物品解毒。

| 鸡蛋蜂蜜 | 牛奶 |

2）经过上述急救，中毒症状未见好转以及中毒较重者，要尽快送医院治疗。

三 注意事项

（1）呕吐与腹泻后，不要立即服用止泻药，尤其对高热、毒血症及黏液脓血便的病人严禁使用，以免加重中毒症状。

（2）将病人侧卧，避免呕吐物将气道堵塞引起窒息。

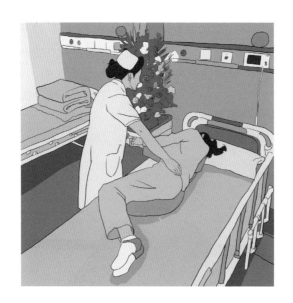

（3）在呕吐过程中，严禁病人饮用食物和水，在呕吐停止后及时补充淡盐水。

第十节　高温中暑急救

中暑是指长时间在高温和热辐射的作用下，人体体温调节障碍，水、电解质代谢紊乱及神经系统功能损害的症状的总称。夏季是中暑的高发期,中暑后不及时处理会引起不可预想的后果,必须及时治疗。

中暑常发生在高温和高湿环境中,在气温大于 32 摄氏度、相对湿度大于 60％的环境中,当电网企业员工长时间在野外工作或强体力劳动,无充分防暑降温措施时,可能发生轻微头晕、头疼、眼花、耳鸣、心悸、脉搏频数、恶心、四肢无力、注意力不集中、动作不协调、体温升高、突然晕厥及热痉挛等症状。

一 **中暑的现场急救措施**

(1)搬移。迅速脱离高温环境,将中暑者抬到通风、阴凉、干爽的地方,使其平卧并解开衣扣,松开或脱去衣服。

（2）降温。在中暑者头部敷上冷毛巾，现场可用冰水或冷水进行全身擦浴，然后用扇子或电扇吹风，加速散热。但不要快速降低患者体温，当体温降至 38 摄氏度以下时，要停止一切冷敷等强降温措施。

（3）补水。中暑者仍有意识时，可给一些清凉饮料，在补充水分时，可饮用绿豆汤、淡盐水，或服用藿香正气水等解暑。但千万不可急于补充水分过量，否则，会引起呕吐、腹痛、恶心等症状。

（4）促醒。中暑者若已失去知觉，可指掐人中、合谷等穴，使其苏醒。若呼吸停止，应立即实施人工呼吸。

（5）转送。对于重症中暑，必须立即送医院诊治。搬运时，应用担架运送，不可使中暑者步行，同时运送途中要注意，尽可能地用冰袋敷于中暑者额头、枕后、胸口、肘窝及大腿根部，积极进行物理降温，以保护大脑、心肺等重要脏器。

二 注意事项

（1）避免过量饮水。过量饮用热水会导致中暑者大汗淋漓，造成体内水分和盐分大量流失。因此饮水时应商量多次，每次饮水量不超过 300 毫升为宜。

（2）避免刺激进食。中暑后不宜使用油腻辛辣的食物，应尽量多吃一些清淡爽口的食物，适应夏季的消化能力。

第四章

社会安全事件处置

社会安全事件由导致恶性社会影响的治安事件和群体性事件构成。本章根据电网企业的工作特点主要介绍了暴力恐怖事件和拥挤踩踏事件的避险自救措施。

第一节　防恐事件处置

暴力恐怖活动突然袭击、爆炸、故意伤害、暴力破坏、群体性安全事件等威胁着电网企业要害部位的安全稳定及施工队伍、员工生命安全。

一　办公大楼遇不法分子袭击处置措施

（1）发现不法分子，要保持镇定，与其保持安全距离并立即报警。迅速组织安保力量，在院内四周进行布控，正确使用防暴器材，将不法分子阻挡在大楼外或将不法分子制服。

（2）收缩人员，两人或三人一组，使用防暴器材，攻击不法分子，一个小组攻击一人，将不法分子分散制服。

（3）当不法分子较多时，应立即组织人员撤离至公司大楼指定的安全区域内，将所有门窗、电梯关闭，尽可能将不法分子阻挡在大楼外或一楼，拖延时间，等待公安机关救援。

（4）当不法分子进入办公楼内时，全体员工要保持冷静，迅速组织安保力量，充分利用当前环境，采取自卫和反击，同时组织其他人员撤离至安全区域。

（5）随时与公安机关保持联系，及时报告现场情况。

（6）配合公安机关封锁、保护现场，处置不法分子。

（7）如有纵火，就近使用消防水源和灭火器材扑救火灾。

（8）及时抢救伤员，对伤员进行现场急救处理，并迅速与医疗机构联系，做好送医抢救的准备工作，并配合医疗机构的救援工作。

二 供电所、营业厅遇不法分子袭击处置措施

（1）发现不法分子，第一时间向公安机关和上级部门。

（2）组织安保力量，使用防暴器材，采取一切手段和方法，将不法分子阻挡在大门外或者制服不法分子。

（3）当安保力量不足时，立即组织人员撤离至室内，关闭门窗，将不法分子阻挡在室外，尽量拖延时间，等待公安机关救援力量的到来。

（4）当不法分子入办公、营业场所内，立即组织所有员工，使用防暴器材，采取一切方法自卫和反击，同时组织其他人员撤离至安全区域。

（5）配合公安机关封锁、保护现场，处置不法分子。

（6）如有纵火，就近使用消防器材扑救火灾，防止火势蔓延。

三　有人值守变电站遇不法分子袭击处置措施

（1）发现不法分子立即报警，及时呼救，使用报警器、对讲机、手机等向上级汇报。

（2）全体在岗人员立即到位，使用防暴器材，进入防御战斗状态，阻止不法分子进入变电站。

（3）安保人员力量不足时，立即组织人员逃生、躲避，撤离至应急避险区域，等待救援。

（4）随时与公安机关保持联系。

（5）配合公安机关封锁、保护现场，处置不法分子。

四　急修、抢修人员遇到不法分子袭击时处置措施

（1）立即报警，并向上级报告情况。

（2）鸣笛呼救，驾驶车辆冲撞不法分子。必要时，可采取紧急避险措施。

（3）使用手边的工具进行自卫，尽可能争取时间。

五　被不法分子劫持自救

一旦被不法分子劫持，应保持镇定，不要与不法分子发生冲突和有过激行为，避免激怒不法分子造成伤害，等待救援。

第二节 拥挤踩踏处置

因聚集在某处的人群过度拥挤，致使一部分甚至多数人因行走或站立不稳而跌倒未能及时爬起，被人踩在脚下或压在身下，短时间内无法及时控制、制止的混乱场面。拥挤踩踏事故往往都是瞬间发生的，所以很多人都无法安全逃离，造成巨大的人身财产损失。

一 拥挤踩踏自救措施

（1）首先听从救援人员的指挥，有序疏散撤离。

（2）发现拥挤人群向自己方向涌来，不要奔跑，不要逆行，立即躲避避免摔倒，或者顺着人流方向走动，并逐步向两边移动，直至脱离人群。如果来不及逃离，可立即蹲在附近的墙角下，等人群过去后再离开。不拥挤、不起哄、不制造紧张或恐慌气氛。

（3）如果已处于混乱拥挤的人群中，要双脚站稳，不要贸然弯腰，发现有财物或鞋子掉落不要去捡，以防被挤倒地。

（4）一旦被人拥挤倒地，要及时抓住附近固定物体或邻近人员立即站起，要设法靠近墙壁并面向墙壁，如不能站起且无法靠墙时，尽可能让身体蜷成球状，双手在颈后紧扣，保护好头、颈、胸、腹部，同时张大嘴呼吸。

（5）发生拥挤踩踏事故，要及时拨打 110、120 等寻求帮助。在医务人员到达现场前，抓紧时间用科学的方法开展自救和互救。

二 注意事项

（1）如果带着小孩，尽快把孩子抱起，尽快抓住身边坚固牢靠的物体，一手搂住孩子，另一手抓住身边一件牢固物体（栏杆或柱子），不要贸然弯腰，远离店铺或柜台的玻璃。

（2）在行进中，把孩子抱在胸前，用一只手紧握另一手腕，两肘撑开，平放于胸前，形成一定空间，以保持呼吸道通畅，可以微微向前弯腰，但身体不要前倾，也不要屈腿降低重心，即便鞋被踩掉，也不要贸然弯腰，否则极易被推倒。

第五章

高空受困

近年来，我国特高压、超高压电网大规模建设投产，超特高压输电线路具有区域跨度广、对地距离高、路径环境复杂、气象灾害多变等特点。电网企业员工在输电线路登塔、走线、附件安装、紧放线等大量高空作业过程中，存在发生高处坠落的风险，甚至出现高空作业人员被困后因恐惧、受伤而无自救能力的极端情况。高空作业人员发生坠落后，由于安全带的作用悬在半空中，腿部肌肉受到制约，回流至心脏的血液将会减少，如果一个人长时间保持这种悬吊状态未能及时获救，伤害或死亡便会发生。因此，电网企业需要制定超特高压输电线路高空救援措施方案，培训员工掌握必要的高空救援技能，具备自救、互救和专业救援能力。

第一节 救援装备

1．防护头盔

主要用于防止高空坠物以及下降过程中头部和工作面的碰撞，有效降低头部和颈部受到的冲击伤害，具有透气性、舒适性、美观性等特点。

2．绳索

高空作业的绳索属于夹心绳，按照自身功能特性分为动力绳和静力绳。动力绳是一种高延展性绳索，发生冲坠时，绳子能够进行一定的延展，吸收下坠冲击力，减少冲坠对作业人员造成的伤害。静力绳是一种低延展性绳索，主要用于各种救援技术的上升、下降和速降作业。

3．锁扣

锁扣主要用于快速连接，通常用于扁带、安全带、绳索、保护器等的直接连接。

4．扁带

扁带用于保护站的建立，在工业环境大量应用。当用在工业锚点类项目中，需要多做一项坠落测试。

5．安全带

安全带是防止坠落的一种特殊保护装备。

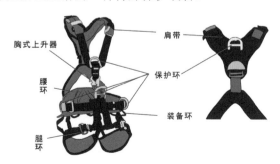

6．夹绳器

（1）手式上升器。用于绳索攀登的一种爪齿受力装备，包括左手使用和右手使用两种型号。

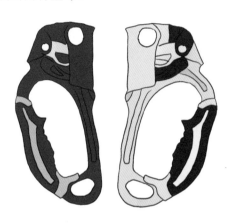

（2）胸式上升器。固定在胸前与安全带配套使用，沿绳索向上攀登的一种专用上升装备。

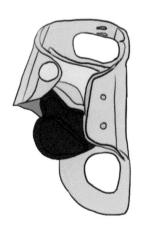

7．保护器

保护器是在突发冲坠时能够自动停止，起到保护作用的专用装备，通常与势能吸收包和牛尾绳配套使用。

8．自动制停下降保护器

自动制停下降保护器是一种带有防慌乱功能的自动制停下降保护器。

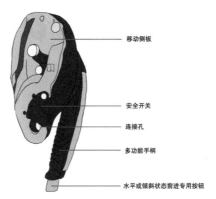

移动侧板

安全开关

连接孔

多功能手柄

水平或倾斜状态前进专用按钮

9．势能吸收器

与齿轮、咬齿止坠器和牛尾绳配套使用，突发坠落时吸收能量，起到缓冲保护的作用。

第二节　绳结技术

1．八字结

八字结正确地系紧后，会很结实。优点：容易检查，适于初学者使用。

2．蝴蝶结

可快速隔离破损绳索、用于保护站架设。

3．兔耳结

用于固定点使用、两个绳圈可同时平衡受力。具有多点固定、平衡受力、受力后容易打开的优点。

4．桶结

用于固定连接器械、防止器械在绳索中摆荡，具有锁定稳固的优点。

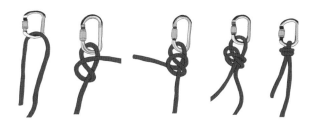

5．双渔人结

用于将两条绳绳连接一起，通常是硬和软的两条绳。具有十分容易打结，但扯紧后，很难解开的特点。

6．抓结

抓结又称普鲁士结、移动结，用于行进、上升中的自我保护。

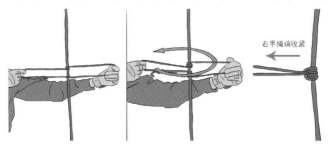

7．过绳结技术

（1）在工作绳上从上端接近绳结处，锁死下降器。

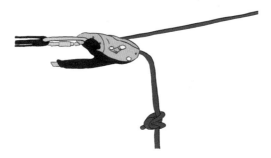

（2）在保护站中挂入提拉套装并收紧，在受力端装入上升器。

（3）释放下降器，工作人员力量从有绳结障碍点绳索转换至提拉套装。

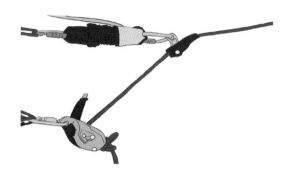

（4）有绳结障碍点绳索脱离下降器。

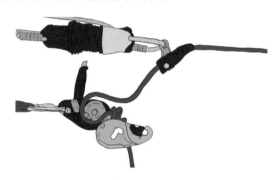

（5）避开绳结障碍点区段，将绳索装入下降器，并锁死下降器。

第三节　　保护站的建立

1．保护站受力角度
保护站角度控制在 60 度以内，系统内每根绳受力最佳。

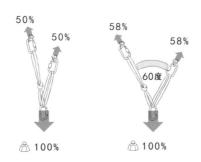

2．基本保护站建立方法

（1）利用扁带加八字结建立保护站。

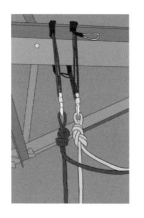
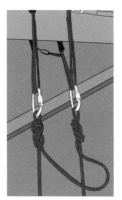

（2）利用兔耳结分力建立保护站。

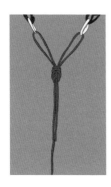

（3）利用八字结加蝴蝶结建立较大的保护站。

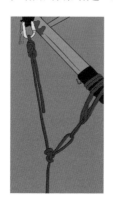 

第四节　被困人员自救方案

高空作业人员发生坠落，安全带背部挂点和防坠落保护绳受力后将作业人员悬吊在导线下方，具备自救行动能力，且现场具有基本的自救装备。

1．短距离坠落自救

（1）被悬吊初始状态。

（2）取下脚踏。

（3）安装脚踏并调整脚踏长度，曲腿踩脚踏。

（4）曲腿踩脚踏身体站立，脱离悬吊状态。

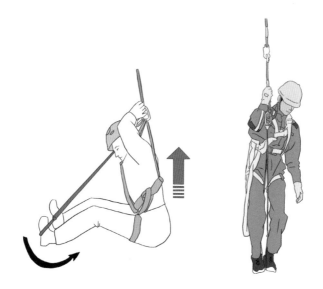

（5）伸手抓握导线，回到导线上，完成自救。

2．长距离坠落自救

（1）取出抛投包、牵引绳，将牵引绳系在安全带上；向上方同一导线抛投，使抛投包绕过导线。

（2）取出安全短绳，将带缝合端的一端连接牵引绳，拉动安全短绳跨过导线，将其牵引到身前完成牵引动作。

（3）解除牵引绳，在安全短绳另一端打双"8"字结，将缝合端穿过"8"字结的绳圈向下拉安全短绳，使其固定在导线上。

（4）利用双抓结上升的方式，回到导线。

1）取出短抓结，使用普鲁士抓结固定于主绳上，用主锁固定于安全带腹部挂点，锁好锁门；取出长抓结，使用普鲁士抓结固定于短抓结下方主绳上。

2）一脚踩踏长抓结上，双手扶绳站立；一手扶绳，一手推动上方抓结到最高处。

3）轻缓坐下，使短抓结受力，推动长抓结到最高处。

4）重复2）、3）动作，到达上方导线，完成自救。

第五节　协助自救方案

1．铁塔协助自救方案

（1）救援人员沿铁塔脚钉攀爬到受困人员附近。

（2）在受困人员上方位置建立保护站。

（3）操作下降器，下降至伤员挂点位置上约 1 米处。

（4）救援人员开始挂接伤员，采用陪同伤员一起下降或上方释放的方法解救伤员。

（5）地面接应人员在伤员落地后，必须使伤员保持原有坐姿，预防"返流综合症"。

2．绳梯法协助自救方案

（1）救援人员到达被困人员上方，将两根自我保护 K 锁分别挂入导线做好自我保护，确保自身安全。

（2）取出带有 K 锁的绳梯，勾挂在被困人员悬吊的导线上，使绳梯尽量靠近被困人员。

（3）被困人员用手抓握绳梯、脚踏绳梯向上攀爬，在到达导线附近时，救援人员协助被困人员返回导线上方，协助自救完成。

3．上升器法协助自救方案

（1）救援人员到达被困人员正上方，将两根自我保护 K 锁分别挂入导线做好自我保护，确保自身安全。

（2）救援人员将携带的 K 锁安全短绳勾挂在被困人员正上方导线上。

（3）救援人员在安全短绳绳尾打防脱结后挂入救援包，将绳索缓缓下放，使其尽量靠近被困人员。

（4）被困人员取下并打开救援包，实施自救操作。

1）取出下降保护器，并将下降保护器用主锁连接在安全带腹部挂点上，锁好锁门。

2）将安全短绳正确安装在下降保护器上，并收紧绳索，让下降保护器受力。

3）取出连有脚踏带的上升器，挂于下降保护器上方。

（5）被困人员单脚踏在脚踏带上，利用手式上升器和下降保护器交替上升技术，沿绳返回导线，在到达导线附近时，上方救援人员协助被困人员返回到导线上方，协助自救完成。

4．无陪伴上方释放救援方案

（1）利用双向救援套装救援。

1）接触安抚被困人员，取出双向救援套装用滑轮端扣入缆车滑轮的连接点。

2）救援人员把脚踏扣入扁带确保点，踩脚踏站立收紧可调节挽索，重量转移至可调节挽索。摘除和缆车救援滑轮的自我连接，操作可调节挽索下降接近人员，下降时需带救援套装的受力端。

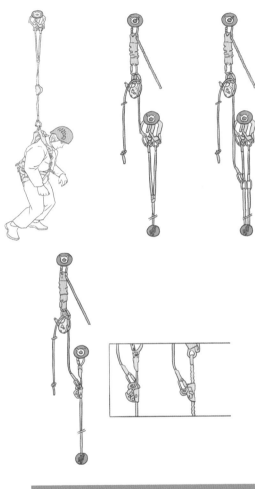

3）现场评估后，再决定采取背部挂点救援或者采用救援三角带救援。

（2）救援三角带使用。

1）环过被困人员背部。

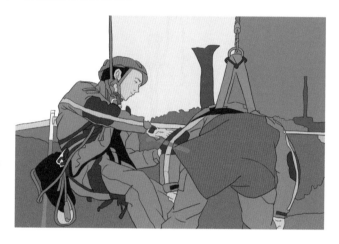

2）被困人员手穿过肩带。

3）救援三角带下角点穿过被困人员裆部。

4）用锁扣扣入救援三角带 3 个连接环，收紧三角带。

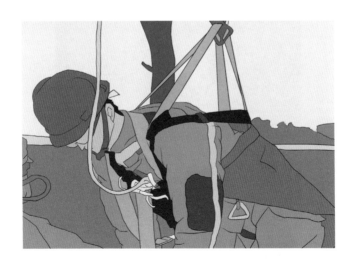

5）收紧四分之一套装，使被困人员力量转换至救援套装上，方可摘除被困人员保护绳。

6）救援人员平缓释放伤员至地面。

7）救援结束，救援人员可由保护人员拖拽至铁塔或直接转换救援套装绳索下降。

5．陪伴下降救援方案

（1）接触安抚被困人员，在导线上建立锁定锚点。

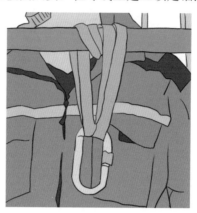

（2）拿出双向救援套装，把受力端绳索扣入刚建立的锚点中，救援人员扣入下降器中。

（3）救援人员把脚踏扣入锚点，踩脚踏站立收紧套装之下降器，重量转移至救援套装。

（4）摘除缆车滑轮并将牵引绳扣入扁带确保点，保护人员全部释放牵引绳，使之成为备份保护绳。

（5）救援人员在保护绳索上安装移动止坠落器，并解除可调节挽索，转换成完整下降装备，匀速下降至伤员处开始挂接伤员。

（6）手握救援套装绳索制动端，操作下降器，下降至伤员挂点位置上约 1 米处。

（7）用提拉套装挂接被困人员，背部挂点及使用救援三角带均可。

（8）利用提拉套装系统提升被困人员完成重量转换。

（9）摘除被困人员之保护。救援人员与被困人员高度如为调节好、或被困人员绳索弹性过大，均可能造成无法解除被困人员之保护绳，在安全前提下可采用割绳方式强制脱离。

（10）被困人员到地面后，救援人员脱离开下降器，被困人员成

"W"型，防止返流综合症。

6．综合绳索技术救援方案

（1）滑轮横渡救援方案。

在地面环境不允许进行垂直向下疏散，输电导线无扭曲的情况下，采用滑轮横渡救援方案。此方案滑轮需要通过间隔棒，一名救援人员接近被困人员，将被困人员解救脱困后使身体重量转移至滑轮，通过拖拽滑轮将被困人员拖拽至塔身，再使用垂直下放方式向下疏散至安全区域。

（2）斜拉绳桥带人下降救援方案。

1）在导线扭曲翻转、导线下方人员无法站立等一些复杂环境下，地面环境不允许进行垂直向下疏散，疏散地点需要偏移。则需要高空、地面救援人员协同搭建斜拉绳桥救援系统，将被困人员解救脱困后通过绳桥陪同下降至地面安全区域。

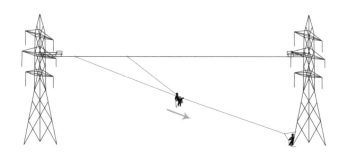

2）绳桥架设装备需要使用导轨绳 1 条，牵引绳 1 条，双滑轮 1 个，下降器 1 把，扁带 2 条，锁扣 2 把，安全带 1 副、提拉套装 1 条、防护手套 1 副，如有条件架设双绳桥是更安全的，双绳桥需要配合侧板双滑轮使用。

①需要架设绳桥救援时，首先要使用三角救援带转换被困人员的姿态，减缓引发悬吊创伤的时间。

②姿态转换后，辅助救援人员带 2 条绳索接近被困人员，使用 1 条牵引绳，1 条导轨绳完成操作。

③在导线上建立锁定锚点并扣入导轨绳，用护绳套包裹导线，再用 60 毫米扁带以 2×22 千牛方式多次缠绕直到扁带不会滑动。

④保持导轨绳松弛状态，滑轮挂入导轨绳并连接到被困人员。

⑤牵引绳连接到被困人员。

⑥架设下方保护站。

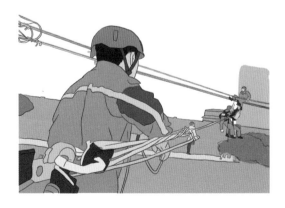

⑦利用提拉套装收紧导轨绳。

⑧上方缓慢释放，下方开始收牵引绳，运送伤员到指定安全位置。

导线上两名先锋人先行到达被困人员处转换姿态，辅助救援人员携带牵引绳子及导轨绳到达后，建立锁定锚点并协助先锋人员。下方辅助人员两人，一人建立下方保护点，一人辅助牵引绳索。

参 考 文 献

[1] 钱家庆 . 火灾预防与火险逃生［M］. 北京：中国电力出版社，2014:53-86.

[2] 范明豪，李伟，汪书苹，武海澄 . 变电站火灾风险分析与评估［M］. 北京：中国电力出版社，2013:56.

[3] 黄国义 . 电力消防安全与火灾［M］. 北京：中国电力出版社，2016:193-194.

[4] 程丽平，席红芳 . 防火与防爆［M］. 北京：中国电力出版社，2015:81-82.

[5] 张卢妍 . 火灾预防与救助［M］. 北京：化学工业出版社，2018:108-110.

[6] 广州红十字会，广州市应急管理办公室，广州市健安应急救护培训中心 . 图说常见意外伤害应急救护［M］. 北京：中国电力出版社， 2015.

[7] 闵华 . 电力作业应急救护实用手册［M］. 北京：中国电力出版社，2017.

[8] 张清 . 家庭医学全书［M］. 天津：天津出版传媒集团，2013.

[9] 欧阳炳惠 . 电力行业现场急救技能培训手册［M］. 北京：中国电力出版社，2011.

[10] 宋美清，王朝凤 . 全程图解触电急救与创伤急救［M］. 北京：中国电力出版社，2013.26-35.

[11] 田迎祥 . 电力生产现场自救急救［M］. 北京：中国电力出版社，2018.157-170.

[12] 朱国营 . 绳索救援技术［M］. 广州：广东教育出版社，2018.159-167.

[13] 李舒平，董范 . 户外运动［M］. 北京：高等教育出版社，2012.105-116.

[14] 国家电网公司 . 国家电网公司电力安全工作规程　配电部分（试行）［Z］. 北京：中国电力出版社，2014.

[15] 国家电网公司运维检修部 . 输电电缆"六防"工作手册［M］. 防有害气体 . 北京：中国电力出版社，2017.

[16] 彭波 . 架空输电线路地质灾害防治手册［M］. 北京：中国电力出版社，2017:17-22.

[17] 李澍晔，刘燕华 . 野外生存手册［M］. 北京：中国轻工业出版社，2014:17-29.

[18] 民政部紧急救援促进中心，中国人民大学危机管理研究中心，唐钧 . 紧

急救助［M］.北京：中国人民大学出版社，2009:194-214.

［19］广州红十字会，广州市应急管理办公室，广州市健安应急救护培训中心.
地震现场自救与救援一本通［M］.北京：中国电力出版社，2014:27-36.

［20］原英群，王晖龙，李晓静.自助救护大全应急避险地震自救与互救［M］.
广州：世界图书出版公司，2012:50-72.

［21］周荣斌，刘中民.图说灾害逃生自救丛书 雪灾［M］.北京：人民出版社，
2014:42-56.